COURS ÉLÉMENTAIRE D'HISTOIRE NATURELLE

BOTANIQUE

LES PLANTES

A L'USAGE DES CLASSES DE CINQUIÈME CLASSIQUE ET MODERNE
DES COURS DE LYCÉES DE JEUNES FILLES
ET DU BREVET ÉLÉMENTAIRE

PAR

Paul CONSTANTIN
Ancien élève de l'École normale supérieure, Agrégé des sciences naturelles,
Professeur au lycée Michelet.

PARIS
LIBRAIRIE J.-B. BAILLIÈRE ET FILS
19, rue Hautefeuille, près du Boulevard Saint-Germain

1898

COURS ÉLÉMENTAIRE D'HISTOIRE NATURELLE

BOTANIQUE

TRAVAUX DU MÊME AUTEUR

COURS ÉLÉMENTAIRE D'HISTOIRE NATURELLE

Zoologie, l'Homme et les Animaux. 1 vol. in-8, VIII-264 p., avec 259 fig. .... 3 fr. 50

Botanique, les Plantes. 1 vol. in-8 de VIII-184 p., avec 236 fig. 3 fr. »

Géologie, 1 vol. in-8 .... *Sous presse.*

LES PLANTES

Collection des *Merveilles de la Nature* de A. E. BREHM.
3 vol. gr. in-8 avec 2,700 fig.

Le Monde des plantes. 1896-1897. 2 vol. gr. in-8 de chacun 800 p., avec 1,752 fig. .... 24 fr.

La Vie des plantes. 1 vol. gr. in-8 avec 1,000 fig. *En préparation.*

Anatomie et physiologie animales suivies de tableaux de classifications du règne animal, par MATHIAS DUVAL et PAUL CONSTANTIN, 2e Édition, 1894, 1 vol. in-8, 550 p., avec 472 fig. .... 6 fr.

8682-97. — CORBEIL. Imprimerie ÉD. CRÉTÉ.

COURS ÉLÉMENTAIRE D'HISTOIRE NATURELLE

BOTANIQUE

LES PLANTES

A L'USAGE DES CLASSES DE CINQUIÈME CLASSIQUE ET MODERNE
DES COURS DE LYCÉES DE JEUNES FILLES
ET DU BREVET ÉLÉMENTAIRE

PAR

Paul CONSTANTIN

Ancien élève de l'École normale supérieure, Agrégé des sciences naturelles,
Professeur au lycée Michelet.

PARIS
LIBRAIRIE J.-B. BAILLIÈRE ET FILS
19, rue Hautefeuille, près du Boulevard Saint-Germain

1898

PRÉFACE

Ce *Cours de Botanique* s'adresse plus particulièrement aux élèves des classes de cinquième, classique et moderne, de nos lycées et collèges. Les leçons qui le composent ont été écrites pour eux, après avoir été professées pendant plusieurs années, dans ces classes, au lycée de Rennes, puis au lycée Michelet à Paris.

Les derniers programmes n'ont accordé à l'enseignement de la Botanique dans les classes élémentaires des lycées et collèges, qu'une place fort restreinte. Alors que la Zoologie occupe pendant toute l'année les élèves de sixième, ceux de cinquième doivent apprendre en un an la Géologie et la Botanique. C'est donc en un semestre seulement que le professeur doit initier ses jeunes élèves aux merveilles du monde végétal, et pour cela il ne dispose que d'une classe d'une heure par semaine. Si l'on tient compte des jours de vacances et de compositions, il reste, au grand maximum, dix-huit heures à consacrer à l'enseignement de la Botanique. Aussi ai-je divisé le présent ouvrage en dix-huit leçons, nombre que la pratique du professorat m'a appris être le plus conforme aux nécessités des programmes.

En dix-huit heures, il est clair qu'on ne peut pas essayer de donner à des élèves aussi jeunes des connaissances étendues et chercher à leur exposer un grand nombre de détails. Bien au contraire, le professeur doit faire un choix très sévère et ne mettre dans son enseignement que les points les plus essentiels. Il vaut mieux que les élèves n'apprennent que peu de choses, mais qu'ils les comprennent et les sachent bien, de façon à ce que, plus tard, pourvus des premiers éléments de la Botanique, ils soient à même de continuer seuls et pour leur satisfaction personnelle, l'étude d'une *science aimable* entre toutes, qu'ils auront appris à apprécier, en faisant leur classe de cinquième.

C'est dans cet esprit qu'a été rédigé le programme officiel qui a servi de guide pour le plan de ce livre et qui a été fidèlement suivi pas à pas.

Après quelques notions préliminaires indispensables, formant la première leçon, le cours se divise en deux parties.

La première partie (7 leçons) est consacrée à *l'étude d'une plante à fleurs*, et constitue, pour ainsi dire, la base de la Botanique tout entière. C'est dans ces leçons, qu'il ne saurait étudier avec trop de soin, que l'élève puisera les notions indispensables pour aborder la deuxième partie.

Pour cette seconde partie, *l'étude des familles du règne végétal* (10 leçons), d'accord avec le programme, j'ai pensé qu'il est préférable de ne choisir que quelques grandes familles, prises comme exemples, plutôt que d'en traiter un plus grand nombre d'une façon forcément trop incomplète. En raison du peu de temps accordé à l'étude de la Botanique, en cinquième, le professeur, qui ne peut parler de tout, se voit forcé de renoncer à un enseignement complet. Il se contentera de montrer à ses élèves, au moyen de quelques types, tout l'attrait qu'il y a dans l'étude du Règne végétal.

Deux caractères ont été employés dans l'impression de cet ouvrage. En gros texte, sont les faits les plus importants, ceux qui constituent la partie essentielle de la leçon. Les passages imprimés en caractères plus petits commentent les précédents et aident à les comprendre, en même temps qu'ils ajoutent plusieurs points de détail d'importance secondaire.

Les figures qui accompagnent ce livre sont nombreuses et ont été choisies avec le plus grand soin. Un grand nombre d'entre elles ont été dessinées spécialement par l'auteur : c'est la reproduction exacte des figures tracées habituellement au tableau noir, pendant la leçon, par le professeur, pour accompagner ses explications verbales. Ces dessins, faits au simple trait, et accompagnés d'une légende détaillée, sont assez simples pour pouvoir être reproduits sur un cahier, même par l'élève le plus inexpérimenté. D'autres figures, dues au crayon de nos meilleurs artistes, reproduisent le port de nombreux végétaux. Les diagrammes de fleurs ont été empruntés, en les modifiant légèrement, à M. Courchet, l'auteur d'un remarquable *Traité de botanique*.

Si bien faits que soient des dessins, ils ne peuvent suffire pour l'enseignement de la Botanique. C'est sur les plantes elles-mêmes qu'il faut apprendre les caractères des familles. Aussi, ne saurait-on trop recommander aux élèves d'en examiner le plus possible. Il serait utile que chaque élève pût suivre les explications de son maître sur un échantillon du type étudié. Si quelques herborisations peuvent être faites, à la belle saison, l'enseignement ne peut qu'y gagner.

Il peut être très utile de faire parfois, à la fin de la classe, des lectures intéressantes, se rapportant au sujet de la leçon. Il existe un grand nombre d'excellents ouvrages pouvant rendre à ce point de vue les plus grands services, en particulier le *Monde des plantes*, publié par l'auteur de ce livre dans la collection des *Merveilles de la nature* de BREHM. L'élève y apprendra, sur les usages et les propriétés des plantes les plus utiles, bien des détails qui ne peuvent trouver place dans un manuel, ni même dans la leçon orale du professeur.

La similitude des programmes pour l'enseignement scientifique élémentaire dans les lycées de garçons et de jeunes filles, fait que le présent livre s'adresse aussi bien aux secondes qu'aux premiers. Il contient d'ailleurs toutes les matières exigées des candidats et candidates au brevet élémentaire ainsi que par l'examen du certificat d'études que doivent fournir les aspirants pharmaciens de 2e classe.

PAUL CONSTANTIN.

25 septembre 1897.

COURS ÉLÉMENTAIRE
D'HISTOIRE NATURELLE

II

BOTANIQUE

LES PLANTES

PREMIÈRE LEÇON

NOTIONS PRÉLIMINAIRES

Caractères des végétaux. — La *Botanique* est la branche de l'*Histoire naturelle* qui étudie le *règne végétal*. Les *Végétaux*, ou *Plantes*, sont des *êtres vivants*, dépourvus de *sensibilité* et de *mouvement*.

Les végétaux sont bien des êtres vivants, puisqu'ils présentent l'ensemble des trois caractères qui servent à définir la vie et que l'on ne retrouve pas chez les corps bruts : la *nutrition*, le *développement* et la *reproduction*.

1° Ils se *nourrissent*, en empruntant au monde extérieur des aliments qu'ils transforment en leur propre substance.

2° Ils se *développent*, c'est-à-dire naissent, croissent, puis, parvenus à l'état adulte, décroissent et meurent.

3° Ils se *reproduisent*, car ils donnent naissance à d'autres végétaux semblables à eux.

Parmi les êtres vivants, les végétaux se distinguent des animaux surtout parce qu'ils sont immobiles et insensibles. Ce caractère, bien que très général, n'est cependant pas tout à fait absolu, et quelques végétaux, comme la *Sensitive* ou les *plantes carnivores* (Voy. 5e leçon, p. 41), semblent être, dans une certaine limite, douées de sensibilité et de la faculté de se mouvoir (1).

(1) Pour les caractères des êtres vivants et les différences entre les animaux et les végétaux, voir la première leçon de notre *Cours de Zoologie* pour la classe de sixième.

Fig. 1. — Rafflésie dans une forêt de Java.

Chlorophylle. — La plupart des végétaux sont colorés en vert; ils doivent cette coloration à la présence dans leurs tissus d'une substance particulière, la *chlorophylle*, qui n'existe pas chez les animaux.

La *chlorophylle* joue un rôle très important dans la vie des plantes pour leur nutrition : c'est grâce à sa présence en effet, que les végétaux, sous l'action de la lumière solaire, peuvent fabriquer eux-mêmes, directement, aux dépens de l'acide carbonique de l'air, les aliments carbonés qui leur sont indispensables pour se nourrir.

Les animaux, n'ayant pas de chlorophylle, ne peuvent en faire autant et produire eux-mêmes les substances carbonées nécessaires à leur nutrition; les Herbivores trouvent ces substances toutes faites dans le corps des plantes qu'ils mangent, et les font ainsi passer dans leur propre chair, qui, d'autre part, sert à la nourriture des Carnivores.

Certains végétaux sont dépourvus de chlorophylle : tels sont, par exemple, les Champignons et même certaines plantes à fleurs, comme l'*Orobanche*, qui pousse au pied des souches de Lierre, ou la curieuse *Rafflésie*, à fleur géante, qui croît sur le sol dans les forêts de Java (fig. 1). Ces plantes ne pouvant, faute de

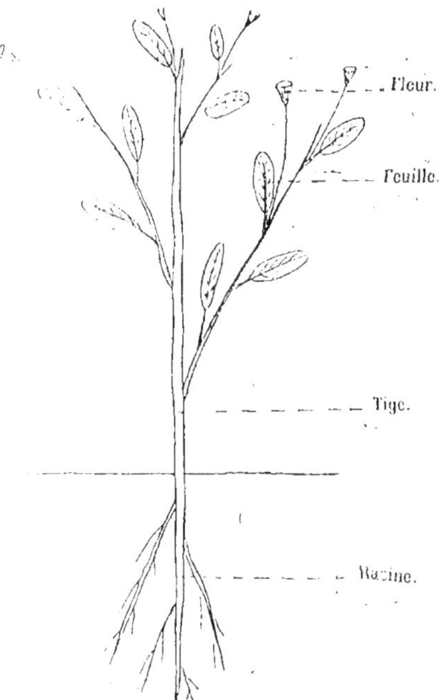

Fig. 2. — Les membres de la plante.

chlorophylle, fabriquer elles-mêmes leurs aliments carbonés, doivent s'en procurer là où il en existe déjà de tout formés. Aussi les végétaux sans chlorophylle sont-ils *parasites*, c'est-à-dire qu'ils se développent sur le corps d'êtres vivants ou, tout au moins, poussent sur des matières organiques en décomposition, comme des troncs de bois pourri, des feuilles mortes, du fumier ou des cadavres.

Membres de la Plante. — Le corps d'une plante élevée en organisation se compose de quatre sortes d'organes, qu'on appelle les *quatre membres* de la plante : *racine*, *tige*, *feuille* et *fleur* (fig. 2).

La *racine* (fig. 2) s'enfonce en se ramifiant à l'intérieur du sol, où elle va puiser les aliments qui y sont contenus.

La *tige* (fig. 2) se dresse ordinairement dans l'air, et se divise en rameaux qui portent les *feuilles*.

Les *feuilles* (fig. 2), organes aplatis, colorés en vert

par de la chlorophylle, servent aux échanges gazeux entre la plante et le milieu qui l'environne.

Racine, tige et feuilles forment ce qu'on appelle l'*appareil végétatif* de la plante et servent à sa nutrition.

Les *fleurs* (fig. 2), au contraire, en sont l'*appareil reproducteur ;* c'est grâce à elles que la plante peut se reproduire. Une fleur a pour fonction de se transformer en un *fruit*, à l'intérieur duquel se développent des *graines*. Une graine, placée en terre, dans des conditions favorables, germe et donne naissance à une plante semblable à la précédente.

Ces quatre organes, racine, tige, feuilles et fleurs, sont faciles à apercevoir dans un très grand nombre de plantes, par exemple dans un pied de Haricot, une Renoncule ou Bouton d'or, un Iris, etc. Cependant tous les Végétaux ne présentent pas une organisation aussi complète.

Phanérogames et Cryptogames. — On réunit sous le nom de *Phanérogames* toutes les plantes qui se reproduisent au moyen de fleurs.

Chez les Phanérogames, l'appareil végétatif est presque toujours complet et se compose des trois membres ci-dessus indiqués : racine, tige et feuilles. Ce n'est que dans de très rares exceptions qu'il peut y avoir disparition presque complète des organes de la végétation, comme par exemple chez la Rafflésie (fig. 1), où la plante tout entière se réduit presque exclusivement à une fleur gigantesque, pouvant atteindre un mètre de diamètre.

Sous le nom de *Cryptogames*, on réunit toutes les plantes qui n'ont pas de fleurs et se reproduisent sans former de graines, par un procédé tout à fait différent de celui des Phanérogames. Les Fougères, les Mousses, les Champignons et les Algues n'ont pas de fleurs et sont des Cryptogames.

L'appareil végétatif des Cryptogames est très variable. Chez les Fougères, par exemple, il est aussi complet que chez une plante à fleur et on y reconnait nettement une tige, des feuilles et une racine. Chez les Mousses, au contraire, il n'y a pas de racine, mais seulement une tige pourvue de feuilles. Enfin chez les Algues et les Champignons, l'appareil végétatif est très simple : toutes ses parties se ressemblent et on ne saurait y distinguer d'organes.

Cellules. — Le corps de tous les végétaux est formé par un ensemble de petites vésicules de dimensions microscopiques, placées les unes à côté des autres; c'est ce qu'on appelle des *cellules*.

Toutes les parties d'un végétal sont ainsi formées d'une agglomération de cellules. Pour les apercevoir, il faut, au moyen d'un rasoir, faire une coupe très mince dans une partie quelconque d'un organe d'une plante et regarder cette coupe au microscope (fig. 3).

Une cellule se compose principalement d'une masse d'une substance vivante, gélatineuse, semi-fluide, analogue par sa composition à du blanc d'œuf; on l'appelle *protoplasma* (fig. 3). Celui-ci est entouré d'une *membrane* (fig. 3), qui forme ainsi les parois de la cellule; chez les végétaux, cette membrane est faite d'une substance dure et résistante, la *cellulose*. A l'intérieur du protoplasma, on aperçoit un *noyau* (fig. 3), qui n'est autre qu'un petit amas de protoplasma un peu différent de celui qui l'entoure.

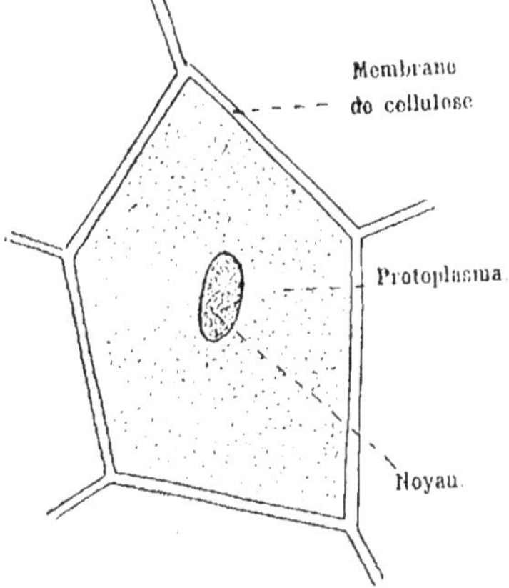

Fig. 3. — Cellule végétale (vue au microscope, avec un très fort grossissement).

La division du corps en *cellules* microscopiques, faites chacune d'une masse de protoplasma, d'un noyau et d'une membrane, n'est pas un caractère propre aux seuls végétaux; elle se retrouve chez tous les êtres vivants, et par conséquent chez les animaux.

D'après ce que nous avons vu dans la dernière leçon du cours de Zoologie (1), les Protozoaires, c'est-à-dire les animaux les plus simples de tous, ceux qui forment le dernier embranchement du Règne animal, ont le corps réduit à une simple masse de protoplasma entouré d'une membrane, et par conséquent formé d'une *cellule*. Nous apprendrons plus tard, dans le cours de la classe

(1) P. Constantin, *Zoologie*, p. 266.

de Philosophie (1), que chez les animaux supérieurs, ceux qui forment les sept premiers embranchements du Règne animal, tous les organes du corps sont formés par la réunion d'une multitude de cellules plus ou moins semblables entre elles, mais toutes analogues à celle qui forme à elle seule le corps d'un Infusoire.

Tous les êtres vivants, animaux et végétaux, présentent donc la *structure cellulaire*, puisque leur corps tout entier est formé d'une agglomération de cellules.

La grande différence entre les animaux et les végétaux, c'est que chez les premiers, la membrane de la cellule reste molle, faite de protoplasma à peine modifié, tandis que chez les plantes, la membrane est en *cellulose* et par conséquent dure et solide. C'est même à cette rigidité des parois de toutes les cellules associées qui forment le corps d'un végétal, que celui-ci doit l'immobilité qui le caractérise et le différencie de l'animal parmi les êtres vivants.

Fibres et vaisseaux. — Toutes les cellules qui forment le corps d'un végétal ne sont ordinairement pas identiques entre elles et ne présentent pas toutes exactement les caractères que nous venons d'indiquer. C'est ainsi que les tubes ou *vaisseaux*, qui parcourent l'appareil végétatif des plantes supérieures et dans lesquels circule la sève nourricière, sont formés par des cellules modifiées. Il en est de même des *fibres* qui forment l'appareil de soutien des parties aériennes de la plante.

Divisions de la Botanique. — La Botanique ou étude des végétaux est une science très vaste, qui peut être envisagée à bien des points de vue différents. Aussi divise-t-on la Botanique en plusieurs branches, dont les quatre principales sont : la *Morphologie*, l'*Anatomie*, la *Physiologie*, la *Classification végétale*.

Morphologie. — La *Morphologie végétale* est l'étude des formes extérieures des plantes, la description de leurs organes dans leur aspect extérieur, leur mode de groupement, etc.

C'est ainsi que lorsque l'on décrit la forme des feuilles d'une plante et la manière dont elles sont attachées sur la tige, ou que

(1) M. Duval et Constantin, *Anatomie et Physiologie animales* à l'usage de la classe de philosophie.

l'on considère les diverses pièces qui constituent ses fleurs, on étudie cette plante au point de vue *morphologique*.

Anatomie. — L'*Anatomie végétale* nous apprend à connaître, en nous aidant de la loupe et du microscope, la structure intime des divers organes qui composent une plante.

Rechercher la forme des diverses cellules qui, par leur ensemble, constituent les organes d'une plante, décrire le trajet des vaisseaux et des fibres à travers l'appareil végétatif, telles sont quelques-unes des questions que se propose et résout l'Anatomie végétale.

Physiologie. — La *Physiologie végétale* étudie le rôle joué par chacun des organes de la plante et son utilité pour la vie de celle-ci.

Chercher à comprendre comment le végétal puise ses aliments dans le sol par ses racines, dans l'air par ses feuilles, et comment cette nourriture est ensuite utilisée par les divers organes de la plante et changée en protoplasma, c'est-à-dire en substance vivante, voilà des problèmes du ressort de la Physiologie.

Classification. — La *Classification végétale* a pour but de comparer les plantes entre elles et de les grouper d'après leurs affinités naturelles.

Division du cours. — L'étude de la classification végétale fera l'objet de la deuxième partie de ce cours où nous passerons en revue les principales familles qui forment le règne végétal, et nous en indiquerons sommairement les caractères.

Pour pouvoir faire ce classement par familles, il est nécessaire d'acquérir certaines notions de morphologie végétale. C'est ce que nous ferons dans la première partie, qui sera consacrée à l'étude d'une plante supérieure en organisation, c'est-à-dire d'une plante à fleur.

Nous ferons cette étude principalement au point de vue morphologique, car c'est surtout aux caractères extérieurs des organes et en particulier de la fleur que l'on a recours pour classer les diverses plantes et les répartir en familles naturelles. En même temps, nous étudierons aussi la plante au point de vue physiologique, car il est indispensable de savoir quel est le rôle des organes qu'on décrit.

PREMIÈRE PARTIE

ÉTUDE D'UNE PLANTE A FLEURS

DEUXIÈME LEÇON

LA RACINE.

Définition. — La *Racine* est la partie de la plante qui s'enfonce dans le sol, ou dans tout autre milieu capable d'en favoriser le développement. Elle a pour rôles principaux de fixer la plante et de lui procurer des aliments, qu'elle puise dans le milieu qui l'environne.

Caractères. — La Racine ne porte jamais de feuilles. Elle est le plus souvent blanche ou grise, au moins dans les premiers temps de son développement, et, dans tous les cas, ne présente pas la couleur verte, que l'on observe dans les parties aériennes de la plante et qui est due à la présence de chlorophylle dans les tissus.

Ce n'est que très exceptionnellement que les racines peuvent renfermer de la chlorophylle; par exemple, lorsqu'elles deviennent aériennes, comme chez certaines Orchidées qui poussent sur l'écorce des arbres dans les forêts tropicales.

La Racine est ordinairement ramifiée : on distingue alors la *racine principale* et ses ramifications les *radicelles* (fig. 4). Racine principale et radicelles ont leur extrémité libre protégée par une sorte de petit capuchon, la *coiffe*, et sont munies, à une certaine distance de cette coiffe, d'un manchon de poils, les *poils radicaux* ou *poils absorbants* (fig. 4).

Racine principale. — La *racine principale*, nommée aussi *racine terminale*, est située dans le prolongement de la tige, qu'elle continue à sa partie inférieure en se dirigeant verticalement de haut en bas. Sa forme est cylindrique, effilée en pointe à son extrémité

C'est la première partie de la plante qui apparait quand on fait germer une graine. Lorsque les téguments (c'est-à-dire l'en-

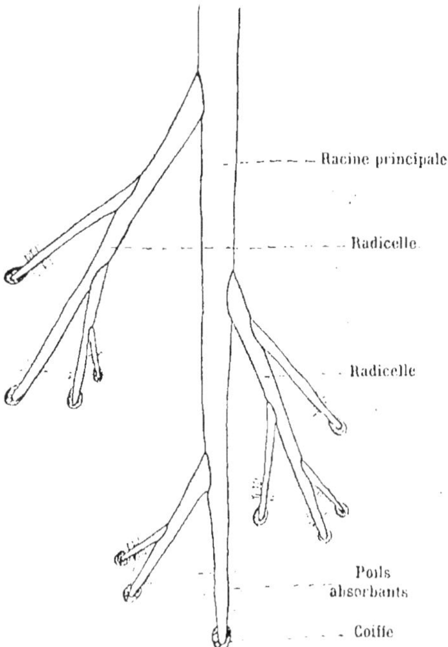

Fig. 4. — Racine principale et radicelles.

veloppe de celle-ci) éclatent, on voit sortir une petite racine qui, quelle que soit la position primitive donnée à la graine, se courbera pour prendre une direction verticale.

Radicelles. — Les *radicelles* sont dirigées obliquement par rapport à la racine principale, sur les côtés de laquelle elles prennent naissance, non au hasard, mais les unes au-dessus des autres, suivant des lignes verticales régulières.

Une radicelle prend naissance à l'intérieur des tissus de la racine-mère qui la porte : elle doit en percer l'enveloppe extérieure, c'est-à-dire *l'écorce*, pour parvenir au dehors. C'est pourquoi, lorsqu'on observe une radicelle encore jeune, on aperçoit à sa base, au point où elle se détache de la racine mère qui la porte, un bourrelet circulaire formé par l'écorce de celle-ci (fig. 4). C'est ce que l'on exprime en disant que les ramifications de la acine sont *endogènes*, c'est-à-dire d'*origine interne*.

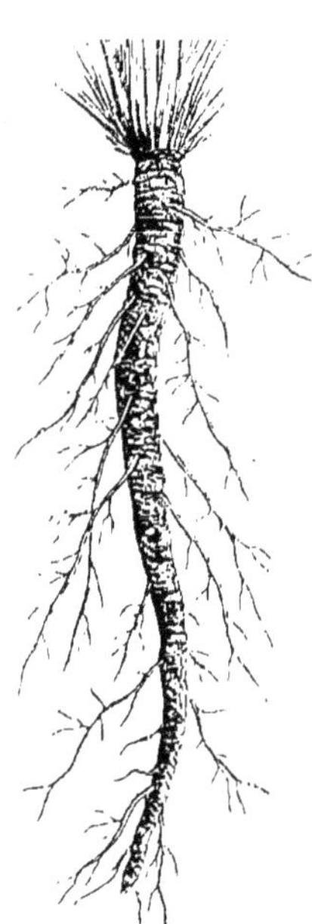

Fig. 5. — Racine pivotante (Giroflée).

Fig. 6. — Racine fasciculée (Blé).

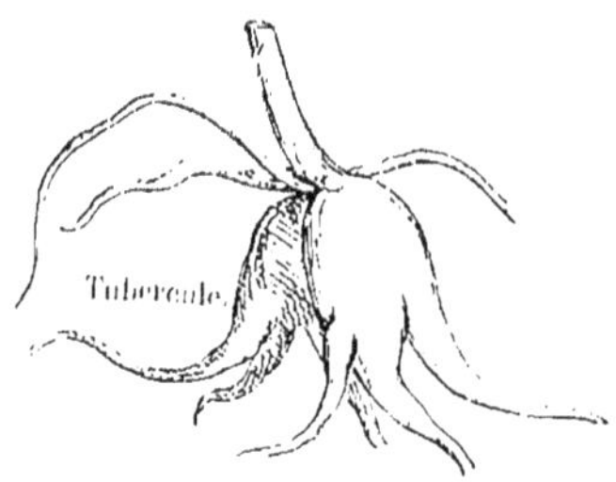

Fig. 7. — Radicelles renflées en tubercules (Orchis).

Racines pivotantes. — Lorsque la racine principale est bien développée par rapport aux radicelles, la racine est appelée *racine pivotante* (fig. 5) et la racine principale en est le *pivot*. Les racines de la Giroflée, du Pois, de la Luzerne, d'un grand nombre d'arbres, etc., sont des racines pivotantes.

Racines fasciculées. — Si au contraire la racine principale ne prend qu'un faible développement et même disparaît de très bonne heure, tandis que les radicelles se multiplient en abondance, longues et nombreuses, la racine est *fasciculée* (fig. 6), comme chez le Blé, le Dattier, etc.

Racines tuberculeuses. — Parfois des matières nutritives sont mises en réserve par la plante dans une partie de sa racine qui se renfle alors et forme un *tubercule*. On a dans ce cas une *racine tuberculeuse*.

Souvent une racine pivotante est en même temps tuber-

Fig. 8. — Tige rampante avec racines latérales (Piloselle).

culeuse; son pivot devient plus ou moins charnu, comme c'est le cas pour les racines du Radis, de la Carotte, de la Betterave, etc.

Des racines fasciculées peuvent également se transformer en tubercules. C'est ainsi que dans la racine du Dahlia ou dans celle de l'Orchis (fig. 7), les radicelles se sont renflées et sont devenues charnues (1).

Assolements. — Les plantes épuisant le sol au niveau de leurs racines, il est naturel de faire alterner dans un même champ la culture de plantes à racines pivotantes (Luzerne, Betterave, etc.), qui vont chercher leur nourriture à une certaine profondeur dans la terre, avec celle de plantes à racines fasciculées (Blé, etc.), qui se ramifient à la surface du sol. C'est là ce qu'on appelle, en culture, faire des *assolements*.

Racines adventives. — On trouve souvent, chez les plantes, d'autres racines que la racine terminale et ses ramifications les radicelles. Ce sont celles qui se développent parfois latéralement sur les *côtés de la tige*, et que, pour cette raison, on nomme *racines latérales*. Cette disposition est fréquente chez les végétaux dont la tige rampe sur le sol (fig. 8) ou grimpe le long d'un support.

Lorsque des racines latérales apparaissent le long de la tige irrégulièrement, en des points quelconques, suivant les besoins de la plante, on les désigne sous le nom de *racines*

(1) Le tubercule de la Pomme de terre *n'est pas une racine*, mais bien une portion de *tige souterraine*, puisque, comme nous le verrons dans la prochaine leçon, ce tubercule porte des petites écailles représentant des feuilles et qu'il n'y a jamais de feuilles sur une racine.

Fig. 9. — Tige avec racines adventives (Lierre).

Fig. 10. — Bouturage (Verveine).

adventives. Les tiges souterraines de l'Iris, du Carex, du Sceau de Salomon, en présentent de nombreux exemples. La tige du Lierre, grimpant le long d'un mur ou d'un tronc d'arbre, se couvre latéralement de racines adventives, qui se transforment en crampons pour fixer la plante à son support (fig. 9).

On peut provoquer la formation de racines adventives sur certains points d'une tige. Plusieurs opérations de culture ne sont que des applications de ce fait, en particulier le *bouturage* et le *marcottage*, le *roulage* du blé, le *buttage* du Maïs ou des Pommes de terre.

Bouturage. — Le *bouturage* est un procédé de multiplication qui consiste à détacher d'une plante certaines parties, que l'on place dans des conditions favorables, de façon qu'il s'y développe des racines adventives. On coupe par exemple un rameau, qu'on plante par son extrémité dans la terre humide (fig. 10) : des racines adventives apparaissent qui lui permettent de se nourrir et de produire ainsi un nouvel individu.

Le bouturage est applicable à un certain nombre de plantes : Géranium, Rosier, Œillet, Verveine (fig. 10), Vigne, etc. On l'emploie pour multiplier les arbres à bois blanc, tels que Peuplier, Saule, Aulne, etc., dont on détache comme boutures de jeunes rameaux, nommés *plançons*.

Plusieurs plantes ne peuvent être reproduites par boutures, parce que le rameau mis en terre meurt avant l'apparition des racines adventives, trop longues à se développer ; dans ce cas, on pratique la multiplication par *marcottes*.

Marcottage. — Le *marcottage* consiste à mettre en contact avec la terre une partie d'un rameau qu'on laisse d'ailleurs attaché à la plante mère (fig. 11) et qu'on ne sépare que lorsque des

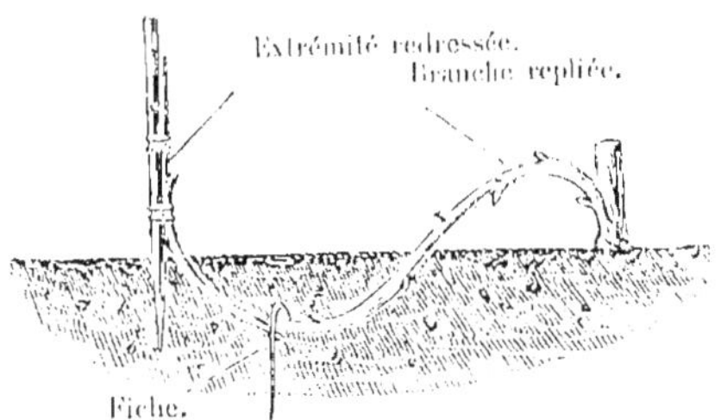

Fig 11. — Marcottage (Pommier).

racines adventives se sont développées sur la partie enterrée et peuvent suffire alors à la nutrition de la marcotte.

Dans la pratique, on recourbe une branche située près du sol, de façon à en faire pénétrer une partie dans la terre (fig. 11), ou, plus simplement, on entoure le rameau, sur une certaine longueur, d'un pot ou d'un cornet de plomb plein de terre.

Le marcottage s'emploie avec succès pour multiplier les arbres à bois dur, tels que Pommier, Cognassier, etc. Il est fréquemment usité pour la Vigne et prend alors le nom de *provignage*.

Roulage. — Le *roulage du blé* consiste à faire passer un rouleau très pesant sur les jeunes tiges qui viennent de sortir de terre, de façon à les coucher sur le sol. Des racines adventives se développent alors sur la partie de la tige en contact avec la terre humide et aident les autres racines dans la nutrition de la plante, qui acquiert ainsi une nouvelle vigueur.

Buttage. — On *butte* les jeunes tiges de Pomme de terre, dans le même but : en enterrant la base de la tige, on favorise la production en ce point de nouvelles racines.

Coiffe. — La *Coiffe* est un organe en forme de capuchon, qui recouvre l'extrémité libre d'une racine, que ce soit d'ailleurs la racine terminale, une radicelle ou une racine adventive (fig. 4). Son rôle est de protéger l'extrémité de cette racine contre tout ce qui pourrait la détruire, et d'en assurer la croissance régulière. C'est en effet par la région située à son sommet, immédiatement sous la coiffe, que la racine s'accroît en longueur et, si cette région se trouvait détruite, la racine cesserait de s'allonger.

Aussi les jardiniers qui veulent empêcher les racines d'un arbre de s'accroître dans un certain sens, ont-ils soin de couper l'extrémité de toutes les racines dirigées de ce côté, qui s'arrêtent alors dans leur croissance.

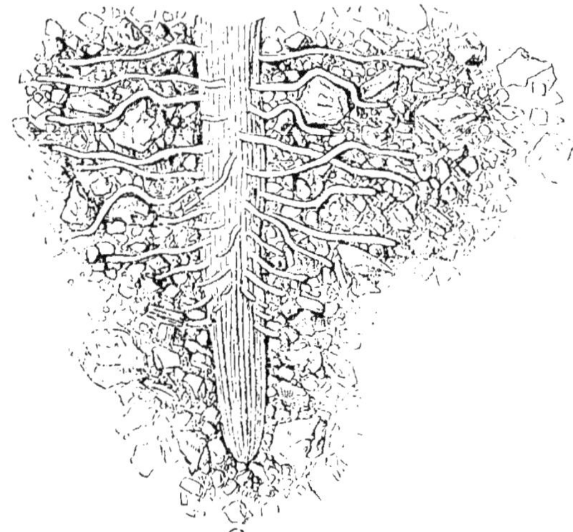

Fig. 12. — Poils absorbants en rapport avec les particules du sol.

Le rôle de la coiffe est toujours un rôle protecteur pour l'extrémité de la racine, approprié aux conditions de vie et de développement de la plante. C'est ainsi que pour les racines souterraines, la coiffe empêche le sommet de ces racines de frotter et de s'user contre les parties dures et anguleuses du sol, telles que pierres, grains de sable, etc. (fig. 12). Pour les racines aquatiques, pour lesquelles ces dangers de frottement ne sont pas à craindre, la coiffe empêche la destruction de la région de croissance par la morsure des animalcules qui vivent dans l'eau.

La coiffe des plantes aquatiques est généralement très bien développée. Chez la Lentille d'eau par exemple, il est facile de l'apercevoir à l'œil nu, à l'extrémité des racines.

Poils absorbants. — A une petite distance de la coiffe, la racine est couverte sur une certaine longueur d'un fin duvet de poils blancs, très délicats, plus ou moins développés selon l'espèce que l'on considère et le degré d'humidité du milieu. Ces poils ont reçu le nom de *poils radicaux* et la région qui les porte est la *région pilifère*.

Pour bien voir les poils radicaux, il faut regarder une racine jeune et n'ayant pas encore touché le sol. Un des meilleurs moyens de les mettre en évidence est de faire germer des grains de Blé, dans une mince couche de terre humide, placée dans un

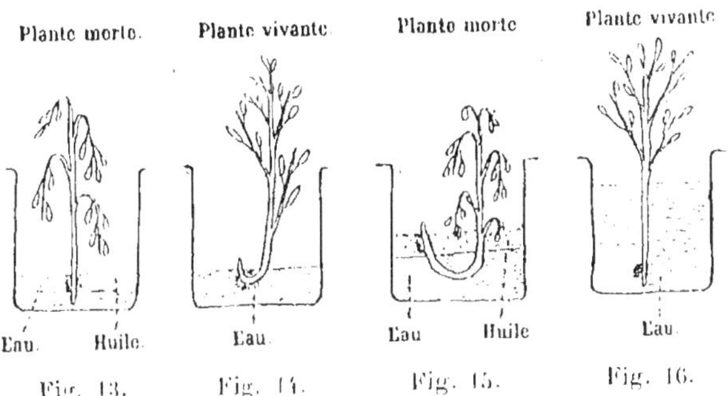

Fig. 13. Fig. 14. Fig. 15. Fig. 16.

Fig. 13 à 16. — Expérience démontrant le rôle des poils absorbants.

tamis, que l'on pose sur l'ouverture d'un vase renfermant au fond une petite quantité d'eau. Les jeunes racines, nées des graines, passent à travers les mailles du tamis et se développent dans l'air humide du vase, où elles acquièrent d'abondants poils radicaux.

Nous savons déjà que la racine s'accroît en un point voisin de son extrémité et que sa région de croissance se trouve précisément entre la coiffe et la région pilifère. Or, lorsque la racine s'accroît, la région pilifère conserve une longueur constante, tout en restant toujours à la même distance de la coiffe. Cela tient à ce que les poils radicaux se renouvellent sans cesse; à mesure de la croissance, il s'en forme de nouveaux du côté de la coiffe, tandis qu'à l'autre extrémité de la région pilifère les poils se flétrissent et tombent.

Les *poils radicaux* sont aussi nommés *poils absorbants*. Ils doivent ce nom, sous lequel on les désigne le plus fréquemment, à ce qu'ils ont pour rôle d'*absorber* les substances nutritives qui sont contenues dans le milieu extérieur où se développe la racine, en particulier dans le sol (fig. 12), et de les céder à la plante.

Le rôle des poils absorbants pour la nutrition de la plante peut être mis en évidence facilement par l'expérience suivante :

On prend quatre vases contenant de l'eau et on y plonge quatre jeunes plantes aussi identiques que possible, en ayant soin de faire varier la manière dont la racine est placée dans l'eau. Dans le premier de ces vases (fig. 13), la pointe seule de la racine est immergée; dans le second (fig. 14), grâce à une courbure de la racine, obtenue en déplaçant la graine convenablement lorsqu'elle germait, on fait seulement plonger dans l'eau la région pilifère; dans le troisième vase (fig. 15), la région dépourvue de poils est seule mise dans l'eau ; enfin dans le quatrième (fig. 16), toute la racine plonge dans le liquide. Le résultat obtenu est que les plantes des vases 2 et 4, dont la région pilifère est immergée dans l'eau, ne se fanent pas et continuent à se développer parfaitement, tandis que celles des vases 1 et 3, dont les poils absorbants restent hors du liquide, meurent bientôt.

Dans cette expérience, il est bon de couvrir la surface de l'eau d'une couche d'huile, dont le rôle est de s'opposer à l'absorption de la vapeur d'eau atmosphérique par les poils et aussi d'empêcher que l'on ne puisse attribuer la flétrissure des plantes dans les vases 1 et 3 à la dessiccation subie par des portions de racine qui sont ordinairement souterraines.

Fonctions de la racine. — La racine a pour fonctions principales :

1° De fixer la plante au sol.

La plante est d'autant mieux fixée que les racines pénètrent plus profondément dans la terre. C'est ainsi que les plantes à racines pivotantes sont moins faciles à déraciner que celles dont les racines sont fasciculées.

Chez certains végétaux vivant dans des conditions particulières, les racines se modifient de façon à amener la fixation de ces plantes.

Chez le Lierre, de nombreuses racines adventives se développent le long de la tige et se transforment en crampons (fig. 9) attachant la plante à son support.

Chez le Figuier des Banians, sur les longues branches horizontales de ce grand arbre, prennent naissance des racines adventives qui descendent verticalement jusqu'au sol, s'y enfoncent et s'y ramifient, formant ainsi autant de colonnes qui soutiennent les branches pesantes du Figuier et leur permettent de s'allonger sans se rompre. Grâce à cette disposition, un seul arbre peut couvrir une étendue considérable de terrain et former à lui seul une forêt.

Certaines plantes aquatiques, comme les Jussiées, ont des racines transformées en ampoules, qui servent de flotteurs et soutiennent la tige à la surface de l'eau.

2° D'absorber les substances nutritives contenues dans le milieu où elles se développent et de les conduire à la tige.

Les substances nutritives absorbées par la racine sont surtout de l'eau contenant en dissolution des sels et des matières azotées. Lorsque le sol ne renferme pas une quantité suffisante de ces matières nutritives, on lui en fournit à l'aide d'*engrais* et de *fumier*.

3° De mettre en réserve des substances alimentaires, destinées à être utilisées plus tard par la plante.

Un exemple bien net est celui des *plantes bisannuelles* à racines tuberculeuses, comme la Carotte et la Betterave. La première année la plante se réduit à son appareil végétatif, racine, tige et feuilles, et ne fleurit point. Une grande partie des aliments est accumulée dans la racine, qui se renfle et sert ainsi d'organe de réserve, passant l'hiver sans mourir. L'année suivante, elle fournit à la plante les substances qu'elle y avait accumulées et qu'elle emploie à produire une nouvelle tige, de nouvelles feuilles, et surtout à donner des fleurs, puis des graines. Pendant que ces nouvelles formations se développent, la racine se vide et se flétrit.

TROISIÈME LEÇON

LA TIGE.

Définition. — La *tige* est la partie de la plante qui porte les feuilles et les fleurs et dont la fonction essentielle est de servir d'intermédiaire entre ces organes et les racines.

Caractères. — La tige (fig. 17) se distingue essentiellement de la racine en ce qu'elle porte des feuilles. Lorsqu'elle est jeune, elle est toujours colorée en vert, car elle contient de la chlorophylle dans ses tissus.

Chez certaines tiges âgées, la coloration verte peut disparaître, pour être remplacée par une autre couleur, brune ou grisâtre, due à la formation de parties nouvelles.

La tige est ordinairement ramifiée : on distingue la *tige principale* et ses ramifications, nommées *branches* ou *rameaux* (fig. 17). A l'extrémité de la tige ou de ses rameaux, on ne trouve jamais de *coiffe*, mais un organe appelé *bourgeon*. Jamais une tige ne porte de poils absorbants.

Certaines tiges sont velues, mais les poils qui les couvrent ne jouent jamais le même rôle que les poils de la région pilifère de la racine et, en aucun cas, ne servent à l'absorption de la nourriture.

Tige principale. — La tige principale forme l'axe de la plante, en continuation directe avec la racine principale, à laquelle elle se rattache par le *collet*. De forme cylindrique,

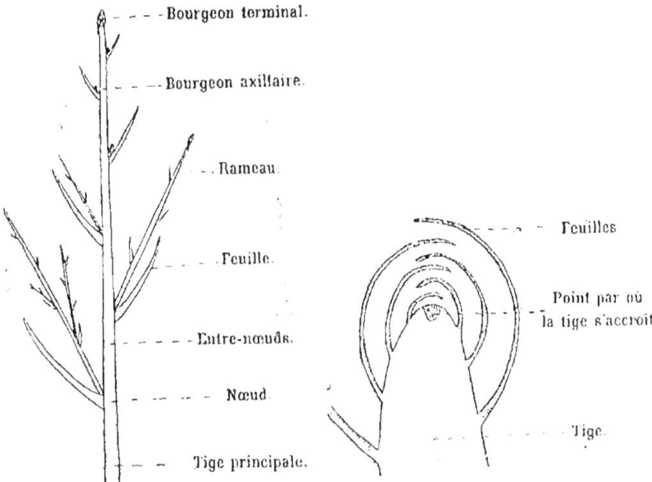

Fig. 17 — Tige et ses rameaux. Fig. 18. — Bourgeon terminal.

elle se dirige le plus souvent verticalement, croissant de bas en haut.

Cette direction verticale est due à l'influence de la pesanteur, qui agit sur la croissance de la tige comme sur celle de la racine, mais en sens inverse.

Les points où s'attachent les feuilles sur la tige portent le nom de *nœuds*, et on appelle *entre-nœuds* la portion de tige comprise entre deux nœuds successifs (fig. 17).

Sur presque toute la longueur de la tige, les entre-nœuds sont de longueur constante. Vers le haut de la tige, cependant, les entre-nœuds vont en décroissant jusqu'au bourgeon terminal, qui occupe l'extrémité (fig. 17).

Bourgeon terminal. — Le bourgeon qui termine la tige à sa partie supérieure est constitué par un certain nombre de petites feuilles très jeunes, serrées les unes contre les autres, de manière à recouvrir complètement le sommet de la tige, qui forme l'axe central du bourgeon (fig. 18).

C'est par le *bourgeon terminal* que la tige s'accroît en longueur. Au centre de celui-ci, au sommet de la tige, se forment sans cesse de nouveaux tissus qui allongent l'axe, et produisent de nouvelles écailles serrées les unes contre les autres. En même temps, les écailles les plus externes du bourgeon grandissent et s'étalent, formant ainsi de nouvelles feuilles, dont les entre-nœuds, d'abord très courts, s'accroissent peu à peu jusqu'à atteindre la longueur constante qu'ils présentent dans les parties plus âgées de la tige.

La croissance en longueur de la tige diffère donc de celle de la racine : 1° en ce qu'elle est *terminale*, les tissus nouveaux se produisant à l'extrémité même de la tige ; 2° en ce qu'elle est *intercalaire*, ce qui veut dire que, sur une certaine longueur, la croissance continue par allongement des entre-nœuds. La racine ne présente pas la croissance intercalaire. Elle ne s'allonge que sur une partie très courte, située entre la coiffe et la région pilifère, et comme ce point d'accroissement, bien que très voisin de l'extrémité, n'est pas cependant terminal tout à fait, étant situé sous la coiffe, on dit que l'accroissement de la racine est *subterminal* (ce qui veut dire à peu près terminal).

Bourgeons axillaires. — Sur la tige, à chaque nœud, à l'*aisselle* d'une feuille, c'est-à-dire dans l'angle formé par la feuille et l'entre-nœud qui surmonte le nœud où elle s'insère, on trouve un *bourgeon axillaire* (fig. 17), dont la structure est en tous points semblable à celle du bourgeon qui termine la tige principale. Ces bourgeons axillaires donnent naissance aux ramifications de la tige, *branches* ou *rameaux* (fig. 17).

Rameaux. — Les rameaux se développent donc à l'aisselle des feuilles. Ils portent eux-mêmes des feuilles, des bourgeons et se ramifient à leur tour.

Le bourgeon axillaire qui donne naissance à un rameau, prend naissance sur la tige aux dépens de la couche de cellules la plus interne, qu'on appelle l'*épiderme*. Aussi la surface d'une branche est-elle en continuité absolue avec celle de la tige-mère qui la porte et l'on n'aperçoit jamais au point d'attache le bourrelet d'écorce, qui existe sur une racine à la base de la radicelle qu'elle porte (Voy. p. 9). La tige se distingue donc de la racine en ce que ses ramifications sont *exogènes*, c'est-à-dire à *origine externe*, et non *endogènes*, comme le sont les radicelles.

Tiges dressées. — Généralement, la tige se soutient dressée en l'air, grâce à la présence, en son intérieur, de filaments durs, plus ou moins longs, disposés dans le sens de la longueur, formés par des cellules modifiées et qu'on nomme des *fibres*. On distingue deux sortes de fibres :

1° Les *fibres du bois*, dures et cassantes, qui, lorsqu'elles sont en grande masse, forment ce qu'on appelle vulgairement *le bois* ;

2° Les *fibres du liber*, plus molles et flexibles, mais très résistantes.

Ce sont les fibres du liber de certaines plantes, telles que le Lin, le Chanvre, la Ramie, etc., qu'on extrait et qu'on utilise dans l'industrie, sous le nom de *fibres textiles*, pour la fabrication de cordes, de fil, de tissus, etc.

Tiges herbacées. — Certaines tiges ne durent pas plus d'une année ; sorties de terre au printemps, elles meurent lorsque revient la mauvaise saison. Pendant toute la durée de leur existence, elles restent vertes et conservent la consistance de l'herbe, ce qui leur a fait donner le nom de *tiges herbacées*.

Tiges ligneuses. — Les *tiges ligneuses*, au contraire, sont plus résistantes, car elles contiennent des *fibres du bois* ou *fibres ligneuses*, en plus grande abondance. Elles sont capables de passer l'hiver sans périr et peuvent, par conséquent, vivre plusieurs années consécutives.

Tiges rampantes. — Certaines tiges ne contiennent pas de fibres assez résistantes pour pouvoir se dresser dans l'air et rampent sur le sol. Ce sont les *tiges rampantes*.

C'est ainsi que, par exemple, la Piloselle (fig. 8, page 11), petite plante des prés et des chemins, donne à la fois des tiges dressées qui portent les fleurs, et des tiges rampantes nommées *stolons*, qui, çà et là, se couvrent de racines adventives (Voy. p. 11), en donnant naissance à un nouveau pied. Il en est de même chez le Fraisier (fig. 19).

Tiges grimpantes. — Parfois la tige, quoique trop faible pour se dresser seule dans l'air, peut cependant s'élever, grâce à des artifices particuliers, comme c'est le cas des *tiges grimpantes*, qui s'appuient à tout ce qui, dans leur voisinage, peut leur servir de support.

La tige du Lierre se cramponne aux murs ou aux tiges des arbres, grâce à ses nombreuses racines adventives modifiées (fig. 19).

Fig. 19. — Tige rampante (Fraisier). Fig. 20. — Tige volubile (Houblon).

Certaines plantes comme la Bryone, le Pois, la Vigne, etc., grimpent en s'accrochant au moyen de *vrilles*, c'est-à-dire d'organes enroulés en tire-bouchons, qui sont soit des feuilles, soit des rameaux modifiés. Ailleurs ce sont des épines, comme chez le Prunellier, ou des aiguillons (Ronce), qui permettent aux branches de s'enchevêtrer les unes aux autres.

Les *tiges volubiles* grimpent en s'enroulant autour d'un support. L'enroulement se fait, tantôt de droite à gauche comme chez le Houblon (fig. 20), tantôt de gauche à droite comme chez le Liseron ; mais, en général, le sens de l'enroulement est toujours le même pour une espèce déterminée.

Tiges souterraines. — Les tiges ne sont pas toutes aériennes ; quelques-unes se développent sous terre. On distingue plusieurs sortes de tiges souterraines.

Rhizomes. — Un *rhizome*, qu'il ne faut pas confondre avec une racine, est une tige souterraine portant toujours, avec de nombreuses racines latérales, des petites feuilles réduites à des écailles. Ex. : Les rhizomes de l'Iris, du Sceau de Salomon (fig. 21), etc.

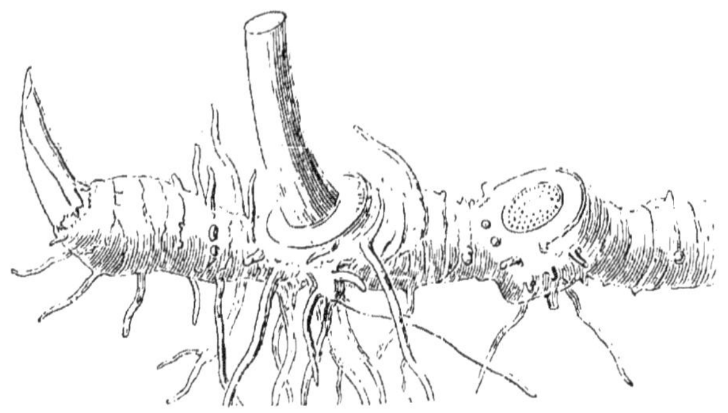

Fig. 21. — Rhizome (Sceau de Salomon).

Le rhizome d'une plante vit plusieurs années, enfoui dans le sol; chez un très grand nombre de plantes qui possèdent un rhizome, celui-ci émet chaque année des branches aériennes portant les feuilles vertes et les fleurs.

Le Chiendent et plusieurs Graminées présentent ainsi un rhizome fort allongé, rampant dans le sol près de la surface et produisant çà et là des tiges aériennes.

Tubercules. — La tige souterraine peut parfois devenir *tuberculeuse*, comme la racine, par accumulation de matières nutritives mises en réserve dans son intérieur. C'est le cas de la Pomme de terre, dont le tubercule n'est pas une racine, mais une portion de tige renflée en tubercule.

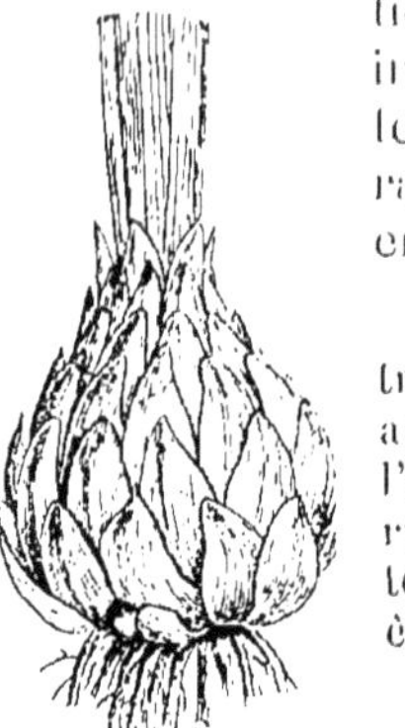

Fig. 22. — Bulbe (Jacinthe).

Sur le tubercule de Pomme de terre, on trouve, en effet, au fond de petites dépressions appelées *yeux*, de petits bourgeons insérés à l'aisselle d'écailles représentant des feuilles rudimentaires. Le tubercule de Pomme de terre est donc pourvu de feuilles et ne peut être une racine : c'est un fragment de tige.

Bulbes. — Le Lis, la Tulipe, la Jacinthe, etc., possèdent un organe souterrain nommé *bulbe* (fig. 22) ou *oignon*. Un *bulbe* est formé par une sorte de rhizome souterrain court et aplati nommé *plateau*, enveloppé de feuilles blanches et épaisses, les *écailles*.

On peut donc considérer un bulbe comme un bourgeon souterrain. Les écailles sont gorgées d'une réserve nutritive qui sert au bulbe à produire une tige aérienne, portant les feuilles et les fleurs. En même temps, des racines adventives se développent à la face inférieure du plateau.

Rôles de la tige. — La principale fonction de la tige est de porter les feuilles et les fleurs et de servir d'intermédiaire entre la racine et ces organes.

La racine absorbe dans le sol des sucs nourriciers qui, par leur ensemble, constituent la *sève brute*. Celle-ci monte à travers la tige jusqu'aux feuilles, où elle subit une série de modifications destinées à la rendre nutritive. Elle est alors devenue la *sève élaborée*, et se rend à travers la tige à toutes les parties de la plante pour les nourrir.

La tige présente aussi quelquefois comme fonction accessoire de servir d'organe de réserve et d'accumuler en son intérieur des substances nutritives. C'est ce qui arrive, par exemple, pour les tubercules de Pomme de terre, certains rhizomes, etc. Il peut même arriver qu'une tige aérienne puisse devenir organe de réserve, comme, par exemple, dans la Canne à sucre.

Chez les plantes grasses qui vivent ordinairement à la sécheresse, de l'eau se met en réserve dans la tige, les branches ou les feuilles, qui deviennent épaisses et charnues.

Structure de la tige. — La sève circule à l'intérieur de la tige, dans de petits canaux disposés parallèlement à l'axe, qu'on nomme des *vaisseaux*. Il y a deux espèces de vaisseaux :

1° Les *vaisseaux du bois* (fig. 23), par où monte la sève brute venant de la racine qui l'a puisée dans le sol.

Les vaisseaux du bois sont formés par des cellules, dont le protoplasma a disparu et qui sont, par conséquent, réduites à leur membrane. Ces cellules allongées, de forme cylindrique, se sont placées dans le prolongement les unes des autres, de façon à former un long tube ininterrompu par suite de la disparition des cloisons de séparation des cellules consécutives (fig. 23). La paroi des vaisseaux du bois n'est pas formée de cellulose pure, mais de cellulose imprégnée d'une substance dure, la *lignine*, qui forme des ornements à la surface.

2° Les *vaisseaux du liber* (fig. 24), par où descend la *sève élaborée* venant des feuilles.

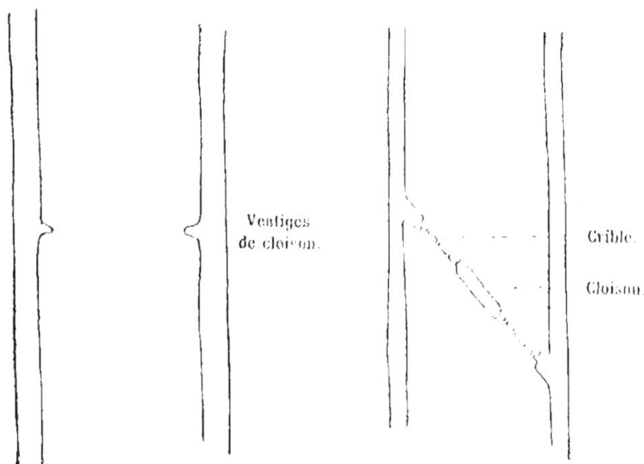

Fig. 23. — Vaisseau du bois. Fig. 24. — Vaisseau du liber.

Les vaisseaux du liber sont, comme les vaisseaux du bois, des tubes formés par des cellules allongées, cylindriques, placées bout à bout, mais la paroi en est de cellulose pure, sans lignine. De plus, les cloisons intermédiaires persistent (fig. 24) et la cavité du vaisseau est interrompue, la circulation de la sève étant néanmoins assurée par de nombreux petits trous percées dans les cloisons, qui sont perforées comme des *cribles* (fig. 24) ; d'où le nom de *tubes criblés*, qu'on donne parfois aux vaisseaux du liber.

Dans les tiges jeunes, les vaisseaux sont disposés par groupes qu'on appelle des *faisceaux*. Ces faisceaux, qui contiennent à la fois des vaisseaux du bois et des vaisseaux du liber, sont nommés, pour cette raison, *faisceaux libéro-ligneux*. Dans un faisceau libéro-ligneux, les vaisseaux du bois sont à l'intérieur, ceux du liber à l'extérieur. Ce bois et ce liber ont reçu le nom de *bois* et *liber primaires*.

En regardant au microscope une coupe transversale d'une tige très jeune (fig. 25), on aperçoit les faisceaux libéro-ligneux disposés à l'intérieur de la tige, sous l'écorce, suivant un cercle régulier.

Dès la première année, la tige s'accroît en épaisseur par suite de la formation de nouveaux vaisseaux de bois et de

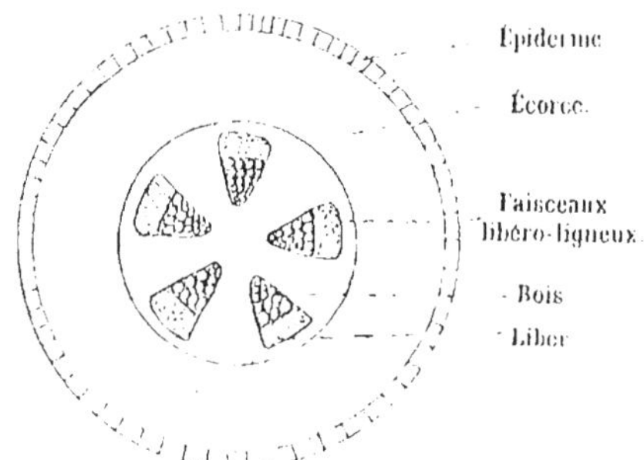

Fig. 25. — Coupe d'une tige très jeune.

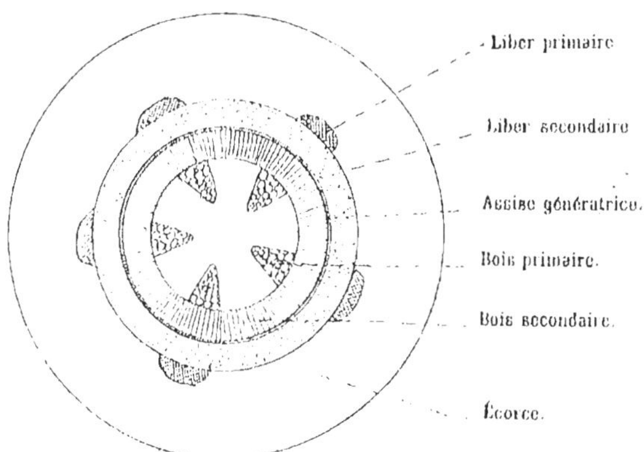

Fig. 26. — Coupe d'une tige d'un an.

liber. Sur tout le pourtour de la tige, suivant une zone laissant les faisceaux de bois primaire à son intérieur et les faisceaux de liber primaire à l'extérieur, il se forme deux nouvelles couches : une de bois vers l'intérieur, l'autre de liber vers l'extérieur. C'est ce qu'on appelle le *bois* et le *liber secondaires*, et la zone où ils prennent naissance porte le nom d'*assise génératrice* (fig. 26).

La figure 26 représente la section transversale d'une tige à la fin de sa première année. On y voit nettement indiquées les positions respectives de l'assise génératrice, du bois et du liber primaires, du bois et du liber secondaires.

L'année suivante, les mêmes formations se renouvellent

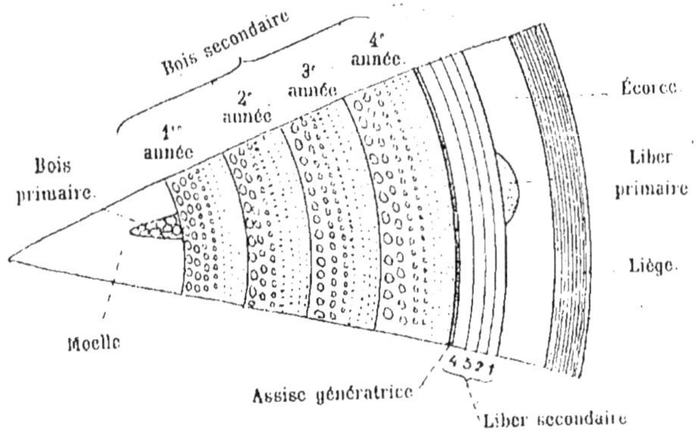

Fig. 27. — Coupe d'une tige de quatre ans.

de la même manière, et il en sera ainsi tous les ans, l'assise génératrice fonctionnant chaque année du printemps à l'automne, pour donner du nouveau bois secondaire vers l'intérieur et du nouveau liber secondaire du côté externe, ces deux nouvelles couches se formant sans cesse entre le liber et le bois précédemment formés, de telle sorte que :

1° Les couches de bois sont disposées toutes au centre de l'arbre, les plus anciennes étant les plus internes ;

2° Les couches de liber sont toutes ensemble vers l'extérieur, immédiatement sous l'écorce, les plus anciennes étant les plus externes ;

3° Les couches de bois et de liber les plus récentes sont, au contact l'une de l'autre, séparées seulement par l'assise génératrice qui va donner naissance aux nouvelles formations secondaires de l'année suivante.

C'est ce qu'on peut constater dans la figure 27 représentant la coupe transversale d'une tige âgée de quatre ans.

Le bois et le liber secondaires qui se forment chaque année ne se composent pas exclusivement de vaisseaux destinés à la circulation de la sève. A ceux-ci s'entremêlent des *fibres*, qui sont des éléments de soutien (Voy. p. 20).

Dans le bois secondaire, les vaisseaux et les fibres ne se forment pas en égale quantité pendant toute l'année. Au printemps, époque où la circulation de la sève est la plus intense, par suite de la formation des feuilles, le bois se compose surtout de vaisseaux, tandis qu'à l'automne, où la circulation de la sève est moins active et où les vaisseaux formés au printemps suffisent à l'assurer, ce sont surtout des fibres qui apparaissent. Or le bois formé de fibres est plus compact que le bois qui contient surtout des vaisseaux. Il en résulte une différence d'aspect entre le commencement et la fin d'une couche annuelle de bois.

C'est ce qui permet de compter l'âge d'une tige, cette différence d'aspect entre le bois de printemps et le bois d'automne permettant d'apercevoir nettement ce qui a été formé dans une même année. Le bois secondaire d'une tige se compose d'un certain nombre de couches de bois compact, disposées concentriquement et séparées par autant de couches de bois poreux. Comme il se forme chaque année à l'automne une couche de bois compact, il n'y a qu'à compter le nombre de ces couches concentriques pour savoir depuis combien d'années fonctionne l'assise génératrice et, par conséquent, l'âge de la tige.

Fig. 28. — Coupe d'une tige de Pin âgée de 11 ans.

C'est ainsi qu'on peut voir que la tige de Pin, dont la section est représentée par la figure 28, était âgée de 11 ans.

Il va sans dire que ce qui précède ne s'applique qu'aux arbres poussant dans des contrées où le climat présente des saisons régulières et où il se forme nettement chaque année deux couches de bois différentes et deux couches seulement, l'une de bois compact, composée surtout de fibres, l'autre de bois poreux, composée surtout de vaisseaux.

Les couches annuelles de liber secondaire ne peuvent servir comme celles du bois à compter l'âge d'un arbre. Le liber, en effet, se compose d'éléments mous qui se dessèchent rapidement et, de plus, se trouve comprimé entre l'écorce et le bois qui s'épaissit sans cesse au-dessous de lui ; chaque couche s'aplatit alors, devient extrêmement mince, si bien que, sur une coupe, il devient impossible de distinguer les formations de chaque année. Le nom de *liber* vient même de ces couches minces comme du papier et empilées comme les feuillets d'un livre (*liber* en latin signifie livre).

Pendant que, grâce au fonctionnement de l'assise génératrice, la tige s'épaissit chaque année, l'écorce ne peut plus entourer complètement l'arbre; elle éclate et se fend par places. Mais il se forme sans cesse à la surface de nouvelles couches protectrices, dont l'ensemble constitue ce qu'on nomme le *liège*.

Tous les arbres possèdent du liège autour de leur écorce, mais il est souvent fort peu développé. Ce n'est que dans certains cas qu'il acquiert un développement très considérable, comme par exemple, dans le *Chêne-Liège*, où on l'exploite pour la fabrication des bouchons.

Souvent les parties anciennes de l'écorce tombent à mesure que de nouvelles se produisent, et le tronc reste toujours lisse, comme dans le Platane et le Bouleau. D'autres fois, la vieille écorce reste attachée à l'arbre, dont la surface présente alors de nombreuses crevasses (Chêne, Orme, etc.).

D'après ce qui précède, on voit qu'une tige ligneuse âgée de plusieurs années se compose des parties suivantes superposées (fig. 27) :

1° A l'extérieur, l'*écorce*, entourée de sa couche de liège;

2° Le *liber*, formé de couches minces empilées les unes sur les autres;

3° A l'intérieur, le *bois*, disposé en couches concentriques et envahissant souvent tout le centre de la tige. Le bois le plus récemment formé, c'est-à-dire celui du pourtour, est, en général, blanc et tendre et porte le nom d'*aubier*. Vers le centre, au contraire, se trouve le bois le plus âgé, dur et foncé, formant le *cœur* de l'arbre.

Cette structure ne se rencontre chez les plantes à fleurs ou *Phanérogames*, que dans la classe des *Dicotylédones*, ainsi que nous le verrons plus loin; chez les *Monocotylédones*, il n'y a pas de formations secondaires (Voy. page 134).

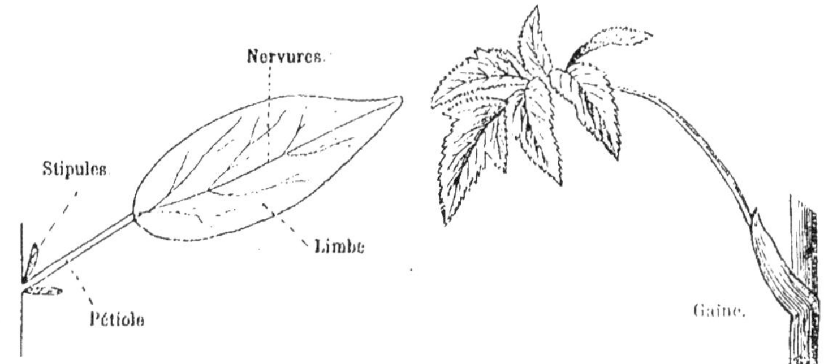

Fig. 29. — Feuille.

Fig. 30. — Feuille avec gaine (Angélique).

QUATRIÈME LEÇON

LA FEUILLE.

Définition. — La feuille est l'organe essentiel de la nutrition de la plante. C'est elle, en effet, qui élabore la sève brute puisée dans le sol par la racine et qui s'est élevée dans la tige par les vaisseaux du bois. Grâce au rôle des feuilles, aux échanges gazeux que celles-ci accomplissent avec l'atmosphère, la sève brute se transforme en sève élaborée, c'est-à-dire devient nutritive.

Caractères. — Les feuilles sont des organes verts, aplatis, disposés sur la tige. Elles se distinguent immédiatement de la tige et de la racine : 1° par leur croissance limitée; 2° par leur symétrie bilatérale.

Tandis qu'en effet la tige et la racine sont des organes de forme cylindrique ou cylindro-conique, symétriques par rapport à leur axe, la feuille présente la symétrie bilatérale, c'est-à-dire peut être partagée par un plan en deux moitiés, une droite et une gauche, qui se ressemblent entre elles comme un objet et son image dans une glace.

On distingue dans une feuille deux parties essentielles, le *pétiole* et le *limbe* (fig. 29).

Pétiole. — Le pétiole est la partie rétrécie qui rattache le limbe à la tige; il manque quelquefois, et la feuille est alors dite *sessile*. Ex. : dans la feuille de Tabac.

Limbe. — Le limbe existe chez presque toutes les feuilles. C'est la partie aplatie en forme de lame, presque toujours colorée en vert. On y distingue deux faces : la face supérieure, tournée vers le ciel, du côté de la tige, colorée en vert foncé, et la face inférieure tournée vers le sol, d'un vert généralement plus tendre.

Le limbe se compose d'un *parenchyme* de cellules, dont le protoplasma contient de la *chlorophylle* (Voy. p. 2). Au milieu de ce parenchyme, se ramifient de nombreuses *nervures* (fig. 29), formées par des faisceaux de bois et de liber détachés de ceux de la tige et qui pénètrent dans le limbe par le pétiole.

Gaine. — Souvent le pétiole s'élargit à sa base, de façon à former une *gaine*, qui entoure plus ou moins la tige. La feuille est alors dite *engainante*. Ex. : la feuille d'Angélique (fig. 30). La gaine peut d'ailleurs exister en l'absence du pétiole, et c'est alors la base du limbe qui la forme. Ex. : la feuille de Blé (fig. 199, p. 149) est une feuille *sessile engainante*.

Stipules. — Certaines feuilles présentent à la base du pétiole, au point où il se rattache à la tige, deux petites lames vertes, semblables au limbe : ce sont les *stipules* (fig. 29). Ex. : le Rosier, le Pois, le Châtaignier, etc.

Souvent les stipules existent au début du développement de la feuille, mais tombent de très bonne heure, presque au moment où celle-ci s'épanouit hors du bourgeon. On dit alors que la feuille possède des stipules, mais que celles-ci sont *caduques*.

Nervures. — Les nervures des feuilles peuvent présenter à l'intérieur du limbe trois dispositions principales :

1° Elles sont *parallèles* entre elles et ne se ramifient pas chez le Lis, le Blé, le Plantain, le Bambou (fig. 31), etc. ;

2° Une *nervure principale*, continuant la direction du pétiole, existe au milieu du limbe, qu'elle partage par son milieu. Sur cette nervure médiane s'attachent à droite et à gauche des *nervures secondaires* qui se ramifient à leur tour. Ex. : le Châtaignier (fig. 32). La feuille est alors dite à *nervation pennée*.

Les nervures secondaires s'attachent sur la nervure principale comme les barbes sur la hampe d'une plume ou *penne* d'un oiseau (1).

(1) Voy. *Zoologie*, p. 128.

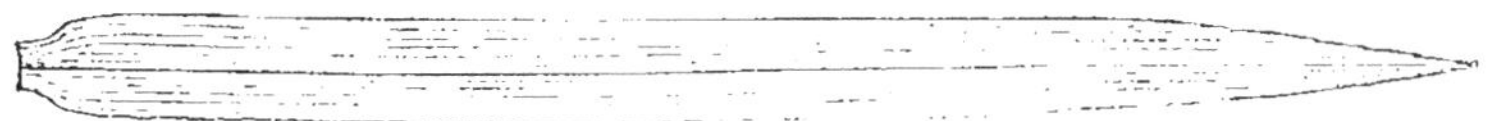

Fig. 31. — Feuille à nervures parallèles (Bambou).

Fig. 32. — Feuille à nervures pennées (Châtaignier).

Fig. 33. — Feuille à nervures palmées (Érable).

3° Plusieurs nervures principales, égales entre elles en importance, partent du pétiole et se disposent à l'intérieur du limbe en s'écartant les unes des autres comme les branches d'un éventail. Ces nervures principales se ramifient d'ailleurs à leur tour en nervures secondaires plus fines. Ex. : les feuilles de la Mauve, de la Vigne, du Platane, de l'Érable (fig. 33), etc. Ces feuilles sont dites à *nervation palmée* ou *digitée*.

Les nervures principales affectent dans le limbe la disposition des *doigts* dans la *palmure* d'une patte de canard.

Feuilles simples. — Une feuille est *simple* lorsque,

Fig. 34. — Feuille lobée (Chêne).

Fig. 35. — Feuille composée (Frêne).

quelles que soient les découpures de son limbe, celui-ci reste continu et ne se sépare pas en plusieurs parties distinctes les unes des autres.

Une feuille simple est *entière*, lorsque son limbe ne présente sur les bords ni divisions ni découpures. Ex. : les feuilles du Buis, du Blé, du Bambou (fig. 31), etc.

Souvent les feuilles simples sont plus ou moins découpées (fig. 30). On dit qu'elles sont *dentées* lorsque le contour du limbe présente de petites dents fines et aiguës. Ex. : Châtaignier (fig. 32), Tilleul, etc. Elles sont *lobées*, chez le Lierre (fig. 9) ou chez le Chêne (fig. 34), où le limbe présente des découpures plus grandes et plus arrondies.

Feuilles composées. — Lorsque les découpures atteignent la ou les nervures principales, de façon à diviser le limbe en un certain nombre de parties nettement distinctes, res-

Fig. 36. — Feuille composée pennée (Robinier).

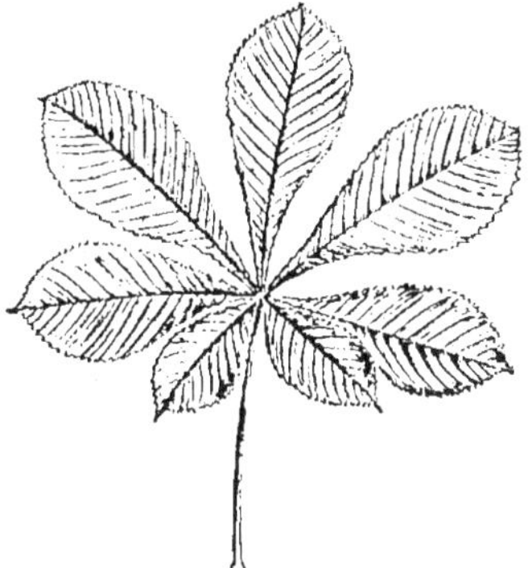

Fig. 37. — Feuille composée digitée (Marronnier).

semblant à autant de petites feuilles, la feuille prend alors le nom de *feuille composée* et chacune de ses parties est une *foliole*. Ex. : la feuille du Frêne (fig. 35).

On distingue deux sortes de feuilles composées :

1° Les feuilles *composées pennées*, présentant des folioles disposées à droite et à gauche, le long d'une nervure principale continuant le pétiole. Ex. : la feuille du Robinier (fig. 36) (1) ;

2° Les feuilles *composées palmées* ou *digitées*, dont les folioles sont disposées en éventail à l'extrémité du pétiole. Ex. : la feuille du Marronnier d'Inde (fig. 37).

Les folioles des feuilles composées peuvent d'ailleurs être entières, dentées, lobées, découpées, ou même à leur tour composées; dans ce dernier cas, la feuille est deux fois composée, elle peut l'être trois fois, ou davantage.

Dans une feuille composée, chaque foliole ne doit pas être considérée comme une feuille, et le pétiole commun comme un rameau de la tige portant ces feuilles. Pétiole et folioles ne forment ensemble qu'une seule feuille composée et la raison en est qu'on ne trouve jamais qu'un seul bourgeon à la base du pétiole commun et pas d'autres à la base des petits pétioles (*pétiolules*), qui rattachent chaque foliole, ce qui aurait lieu si les folioles d'une feuille composée étaient des feuilles simples et si le pétiole était un rameau.

(1) Le Robinier est l'arbre d'ornement de nos parcs et de nos jardins, vulgairement désigné sous le nom d'*Acacia*. (Voy. page 88).

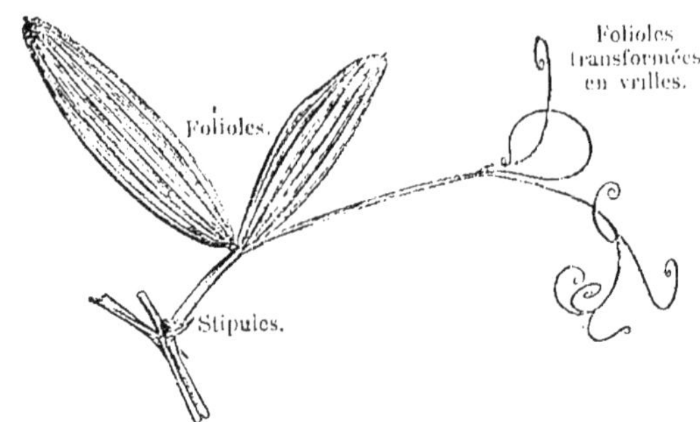

Fig. 38. — Feuille composée, à folioles transformées en vrilles (Gesse).

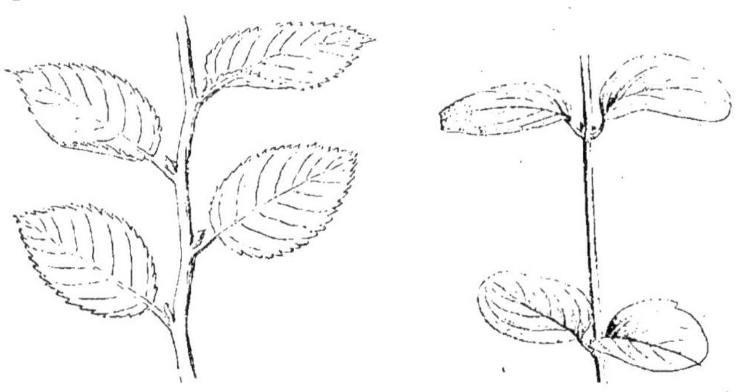

Fig. 39. — Feuilles alternes. Fig. 40. — Feuilles opposées.

Modifications des feuilles. — Parfois les feuilles peuvent prendre des formes assez notablement différentes de la forme ordinaire. C'est ainsi que certaines feuilles peuvent, en totalité ou en partie, se transformer en *vrilles* ou en *épines*.

Chez la Bryone, la feuille entière se transforme en vrille; dans la feuille composée du Pois et de la Gesse (fig. 38), ce sont les folioles supérieures seulement qui se sont ainsi transformées.

La feuille entière peut se changer en épines chez l'Épine vinette. Chez le Robinier (faux Acacia), ce sont les stipules qui forment les épines (fig. 36).

Disposition des feuilles sur la tige. — Les feuilles peuvent être attachées sur la tige de diverses manières :

1° Elles sont *alternes* ou *isolées*, lorsqu'une feuille seulement s'insère à chaque nœud (fig. 39).

2° Elles sont *opposées*, lorsque chaque nœud en porte deux (fig. 40).

3° Elles sont *verticillées*, quand plus de deux feuilles s'attachent à chaque nœud de la tige.

Stomates. — A la surface des feuilles, principalement à la face inférieure, existent de très petits orifices, visibles seulement au microscope et qu'on appelle des *stomates*. C'est par là que s'accomplissent les échanges de gaz et de vapeur d'eau entre la sève qui circule dans les nervures et l'atmosphère.

Il existe d'ailleurs aussi des stomates sur les parties vertes de tiges.

CINQUIÈME LEÇON

LA FEUILLE (*fin*).

Fonctions de la feuille. — La fonction essentielle de la feuille consiste à transformer la sève brute en sève élaborée, c'est-à-dire à la rendre nutritive.

Cette transformation est le résultat de trois fonctions distinctes :

1° La *Transpiration*.
2° La *Respiration*.
3° L'*Assimilation*.

En réalité, ces trois fonctions ne s'accomplissent pas uniquement dans les feuilles : toutes les parties de la plante respirent et transpirent. D'autre part, l'assimilation se produit dans tous les organes pourvus de chlorophylle. Cependant, c'est dans les feuilles que se produit en majeure partie l'élaboration de la sève.

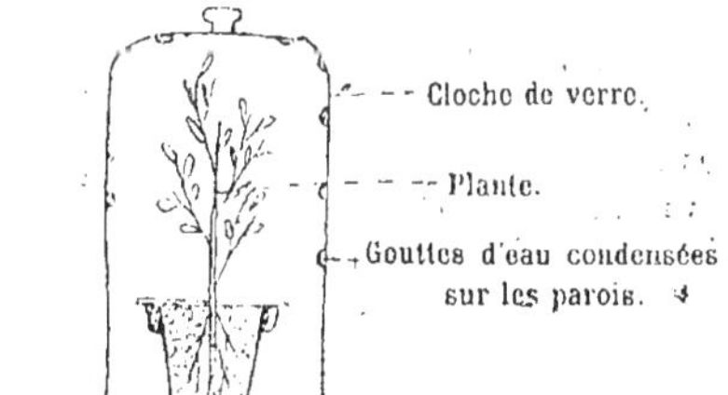

Fig. 41. — Expérience pour montrer la transpiration des plantes.

Transpiration.— Par la fonction de *Transpiration*, la plante exhale de la vapeur d'eau dans l'atmosphère. Le résultat en est d'épaissir la sève : la sève élaborée est plus concentrée que la sève brute.

Fig. 42. — Deuxième expérience démontrant la transpiration des plantes.

L'existence de la transpiration chez les végétaux peut être mise en évidence par trois expériences.

1° On place une plante sous une cloche de verre et, au bout de quelque temps, on voit apparaître sur les parois de celle-ci des gouttelettes d'eau provenant de la condensation de la vapeur d'eau transpirée par la plante (fig. 41).

Pour que l'expérience soit concluante, il faut avoir soin de placer la plante sur une surface bien plane, un disque de verre dépoli, par exemple, de façon à ce que le bord inférieur de la cloche y adhère bien exactement. De plus, le pot doit être vernissé et l'on doit en recouvrir la terre à l'aide d'un couvercle de verre pour éviter qu'elle ne dégage de l'eau par évaporation. Avec ces précautions, il est clair que la vapeur d'eau condensée sur les parois de la cloche ne peut provenir que de la transpiration de la plante, transpiration dont l'expérience démontre donc bien l'existence.

2° Si l'on place une plante en pot sur l'un des plateaux d'une balance, et qu'au moyen de poids placés dans l'autre plateau on réalise l'équilibre, on verra peu à peu, au bout de quelque temps, le plateau qui contient les poids s'abaisser et celui qui contient la plante s'élever. Cela tient à ce que la plante a perdu de l'eau par transpiration et que par suite elle est devenue plus légère (fig. 42).

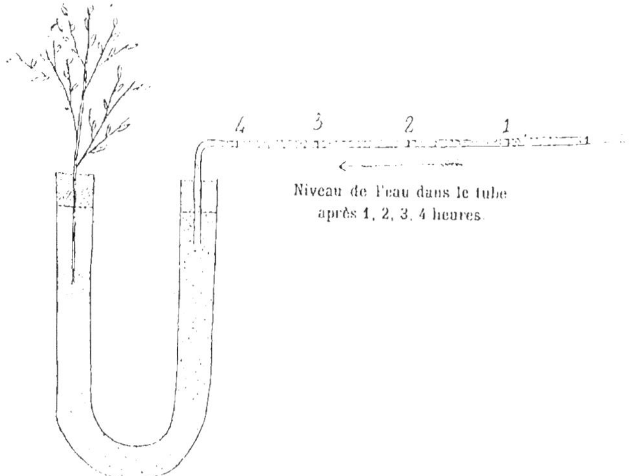

Fig. 43. — Troisième expérience démontrant la transpiration des plantes.

Il faut ici encore avoir soin d'opérer avec un pot vernissé et dont la terre est recouverte d'un disque de verre (fig. 42) analogue à celui de l'expérience précédente. De cette façon, on évite toute perte de poids par évaporation de l'eau de la terre du pot.

Cette expérience permet d'ailleurs de mesurer la quantité de vapeur d'eau transpirée par une plante dans un temps donné. Si on rétablit l'équilibre au moyen de poids placés dans le plateau à côté du pot, ces poids représentent celui de la vapeur d'eau perdue par la plante pendant la durée de l'expérience.

3° Un tube de verre en forme d'U est fermé à ses deux extrémités par un bouchon. A travers l'un de ces bouchons on fait passer la tige d'un rameau feuillé d'une plante ; l'autre donne passage à un tube de verre horizontal dont le diamètre est assez étroit. On remplit tout l'appareil d'eau colorée pour que le phénomène puisse être visible de loin (fig. 43).

Si au début de l'expérience le niveau de l'eau est à l'extrémité libre du tube horizontal, on voit, après 1, 2, 3, 4 heures, ce niveau se déplacer et reculer peu à peu vers le tube en U (fig. 43). Cette eau qui disparaît ainsi a été absorbée par la plante pour remplacer celle qu'elle a perdue, par transpiration, pendant le même temps.

Il suffit, pour s'en assurer, de peser le rameau avant et après l'expérience et de constater que le poids n'en a pas varié. L'eau absorbée représente donc exactement l'eau transpirée et le volume en est facile à évaluer : c'est celui de la partie du tube horizontal comprise entre les deux niveaux successifs, au début et à la fin de l'expérience.

Respiration. — Les plantes respirent comme les animaux : elles absorbent l'oxygène de l'air et dégagent de l'acide carbonique (1).

Pour le démontrer expérimentalement, mettons sous une cloche de verre pleine d'air une plante, à côté de laquelle nous placerons une petite soucoupe remplie d'eau de chaux (fig. 44). Cette plante doit être un Champignon ou toute autre plante non verte, dépourvue de chlorophylle, ou, si l'on opère avec une plante verte, pourvue de chlorophylle, il faut avoir soin de mettre la cloche à l'obscurité. Dans ces conditions, on constate que dans l'air de la cloche, au bout d'un certain temps, la quantité d'oxygène a diminué, car une bougie allumée, introduite dans la cloche, s'éteindrait, tandis que l'acide carbonique a augmenté comme l'indique l'eau de chaux de la soucoupe qui s'est abondamment troublée.

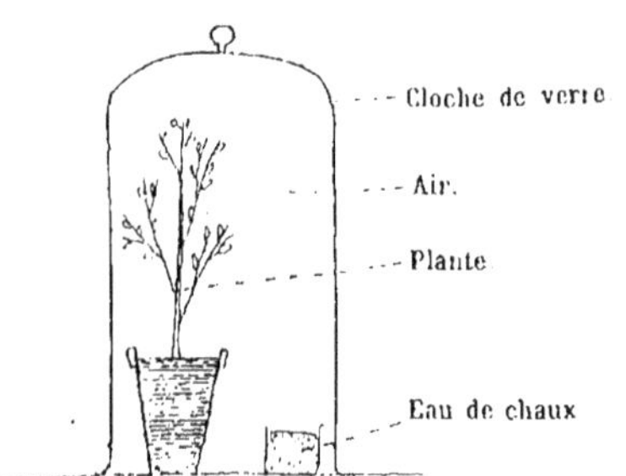

Fig. 44. — Expérience pour démontrer la respiration des plantes dans l'obscurité.

L'acide carbonique ainsi produit ne peut provenir que de la respiration de la plante, car si on a eu soin de placer à côté de la cloche précédente une autre cloche pareille, avec une soucoupe

(1) Voir pour la respiration chez les animaux, la composition de l'air et les caractères des gaz qui s'y trouvent, la quatrième leçon de notre cours de *Zoologie* pour la classe de Sixième, pages 21 et 22.

Rappelons seulement ici que l'oxygène est un gaz entretenant la combustion et que l'acide carbonique est produit par la combinaison du charbon et de l'oxygène. L'oxygène se reconnaît à ce que les corps enflammés brûlent parfaitement bien dans ce gaz; l'acide carbonique à ce qu'il éteint les corps en combustion et de plus à ce qu'il trouble l'eau de chaux.

d'eau de chaux, mais ne renfermant pas de plante, on constate que l'eau de chaux de cette cloche ne se trouble que très légèrement, ce léger trouble étant dû à la faible quantité d'acide carbonique contenu dans l'air. Il faut donc que, dans l'autre cloche, la plante ait produit de l'acide carbonique en respirant.

Pour faire cette expérience, il faut, avons-nous dit, opérer avec des plantes non vertes, ou bien avec des plantes vertes placées à l'obscurité. C'est que chez les plantes pourvues de chlorophylle et exposées à la lumière, la respiration se produit bien, mais est masquée par un autre phénomène, la fonction d'assimilation.

Assimilation. — La fonction d'*assimilation* est une fonction *inverse* de la fonction de respiration : elle consiste dans une absorption d'acide carbonique et un rejet d'oxygène. Pour qu'elle s'effectue deux conditions sont nécessaires ; il faut :

1° Que la plante renferme de la chlorophylle.

2° Qu'elle soit exposée à la lumière.

Sous l'action de la lumière, la chlorophylle décompose l'acide carbonique de l'air, elle fixe le carbone dans les tissus de la plante et rejette l'oxygène dans l'atmosphère. Il y a alors *assimilation du carbone* par la plante.

Chez les plantes non vertes, ou chez les plantes vertes dans l'obscurité, l'assimilation ne se produit pas et la respiration seule s'effectue.

Au contraire, une plante verte respire et assimile à la fois. Mais comme ces deux fonctions sont inverses l'une de l'autre, l'assimilation, beaucoup plus intense, masque la respiration et on ne constate, en définitive, que l'absorption de l'acide carbonique et le rejet d'oxygène.

Il semble donc au premier abord qu'une plante verte se conduise, au point de vue des échanges gazeux avec l'atmosphère, de façon différente pendant le jour ou la nuit. Aussi, autrefois, avant qu'on ait bien distingué entre eux les deux phénomènes de la respiration et de l'assimilation, disait-on que, tandis que les animaux respirent toujours en absorbant de l'oxygène et exhalant de l'acide carbonique, les végétaux présenteraient deux respirations différentes : une *diurne* et une *nocturne*. Pendant la nuit, les plantes respireraient à la façon des animaux et pendant le jour d'une façon inverse. Nous savons qu'il n'y a là qu'une apparence. En réalité, les plantes respirent toujours, jour et nuit, de la même façon que les animaux, mais pendant le jour, la fonction d'assimilation vient se superposer à la respiration et la masquer complètement.

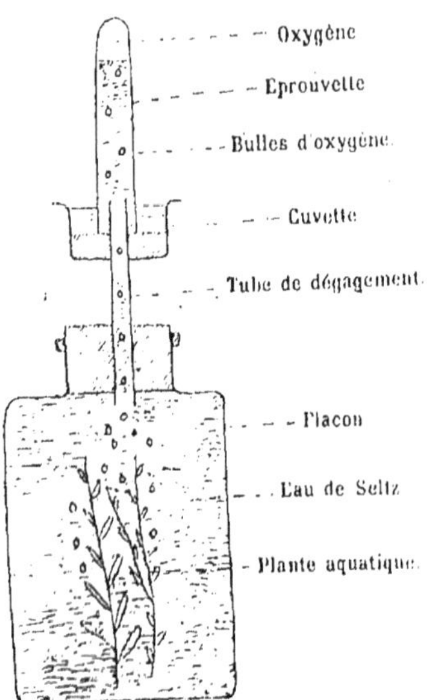

Fig. 45. — Expérience pour démontrer l'assimilation du carbone par les plantes vertes à la lumière.

Le rejet de l'oxygène, chez les plantes vertes exposées à la lumière, peut être facilement constaté par l'expérience suivante (fig. 45).

On prend une plante verte aquatique, que l'on place dans un flacon plein d'eau tenant en dissolution de l'acide carbonique, comme par exemple de l'eau de Seltz. Un tube de dégagement part du bouchon du flacon et vient s'ouvrir sous une petite éprouvette de verre pleine d'eau renversée sur une cuvette à eau. On expose le tout aux rayons du soleil et bientôt on voit des bulles de gaz se dégager du flacon et venir se rassembler au sommet de l'éprouvette. Lorsqu'on aura recueilli de la sorte une quantité suffisante de gaz, on constatera que c'est de l'oxygène en introduisant dans l'éprouvette une allumette ne présentant qu'un point rouge; elle s'y rallumera.

Plantes parasites. — Par l'assimilation, les plantes à chlorophylle, sous l'action de la lumière, absorbent du carbone. Les plantes sans chlorophylle ne pouvant ainsi absorber du carbone, qui cependant leur est indispensable, doivent l'emprunter à d'autres végétaux et être par conséquent parasites, ainsi que nous l'avons déjà dit dans la première leçon (p. 2).

Plantes carnivores. — Certaines plantes sont capables de se nourrir de proies vivantes appartenant au règne animal : on les appelle *plantes carnivores*, ou mieux *insectivores*, car c'est surtout d'insectes qu'elles font leur nourriture.

Dans notre pays, vit le *Drosera* ou *Rossolis*, dont la feuille arrondie, creusée en forme de cuillère, porte sur sa face concave supérieure de nombreux poils. Ceux-ci sécrètent un liquide qui englue les insectes qui viennent s'y poser et en digère la chair comme le suc gastrique le fait des aliments introduits dans l'estomac.

Il existe encore d'autres plantes insectivores habitant surtout les pays exotiques. Ex. : la *Dionée attrape-mouche*, les *Népenthes*, etc.

SIXIÈME LEÇON

LA FLEUR.

Définition. — La *Fleur* est l'organe de reproduction des plantes Phanérogames : son rôle est de former les graines qui, en germant, reproduisent la plante primitive.

Inflorescences. — Parfois la fleur est *solitaire* sur la tige, par exemple la Pensée, la Tulipe, la Pervenche, etc. Mais le plus souvent, plusieurs fleurs se réunissent pour former un groupe, auquel on donne le nom d'*inflorescence*. Les principales inflorescences que l'on rencontre sont : la *grappe*, le *corymbe*, l'*épi*, l'*ombelle*, le *capitule*, la *cyme* (fig. 46 et 47).

1° La *grappe* (fig. 46, I) est formée de fleurs portées par des pédoncules égaux, s'attachant sur les côtés de l'axe en des points régulièrement espacés. Ex. : le Groseiller.

Dans l'inflorescence précédente ou *grappe simple*, chaque fleur peut être remplacée par une petite grappe. On a alors une *grappe composée* (fig. 46, II) ou *grappe de grappes*. Ex. : la Vigne, le Lilas.

2° Le *corymbe* (fig. 46, III) est une sorte de grappe dont les pédoncules sont inégaux entre eux, leur longueur décroissant à mesure qu'ils sont insérés plus haut sur l'axe, de telle sorte que les fleurs viennent s'étaler sur une même place. Ex. : le Cerisier. Le corymbe peut être quelquefois *composé* (fig. 46, IV).

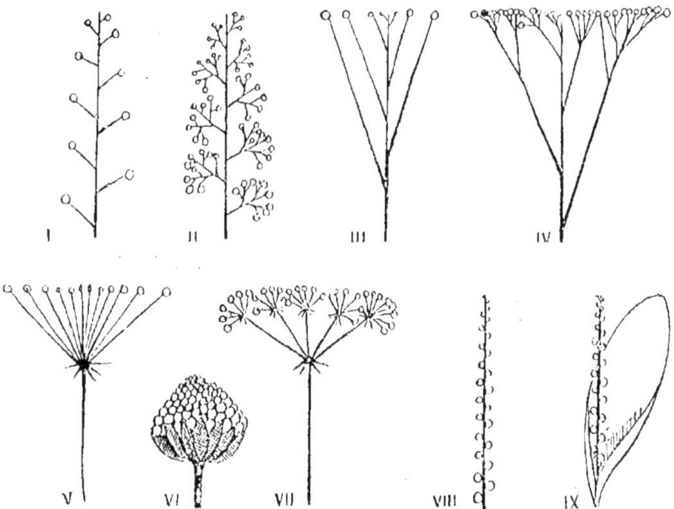

Fig. 46. — Inflorescences : I. Grappe simple. — II. Grappe composée. — III. Corymbe simple — IV. Corymbe composé. — V. Ombelle simple. VI. Capitule. — VII. Ombelle composée. — VIII. Épi simple. — IX. Spadice.

3° L'*ombelle* est constituée par un bouquet de fleurs portées par des pédoncules égaux entre eux et attachés au même point de la tige. En ce point, les bractées à l'aisselle desquelles s'insèrent les pédoncules forment une collerette nommée *involucre*. Ex. : le Lierre, l'Ail, dont les fleurs sont groupées en *ombelle simple* (fig. 46, V).

L'*ombelle composée* (fig. 46, VII) de la Carotte est une ombelle dont chaque pédoncule se termine par une petite ombelle ou *ombellule*. A la base de chaque ombellule est un petit involucre qui prend le nom d'*involucelle*.

4° Le *capitule* (fig. 46, VI) peut être considéré comme une ombelle de fleurs sessiles. Plusieurs fleurs sans pédoncules s'attachent côte à côte sur l'extrémité élargie d'un rameau. La base du capitule est entourée d'une involucre de bractées. Ex. : le Bluet, la Marguerite, la Chicorée, etc.

Ce que l'on appelle vulgairement une *fleur de Bluet* n'est pas une fleur, mais une inflorescence. Chacun des petits tubes qui forment un Bluet est une fleur distincte et ces fleurs sont groupées en un capitule formant un groupe serré, qu'au premier abord on pourrait prendre pour une fleur unique et qu'on appelle quelquefois une *fleur composée*.

5° L'*épi* est une grappe de fleurs sessiles, c'est-à-dire sans pédoncules, s'attachant directement sur l'axe. L'épi est simple (fig. 46, VIII) dans le Plantain ou la Verveine.

Chez le Blé, les fleurs sont groupées en petits épis ou *épillets* disposés eux-mêmes en épis sur la tige. On a alors un *épi composé* ou *épi d'épillets*. L'inflorescence de l'Avoine est une *grappe d'épillets ;* c'est-à-dire que les épillets de fleurs sont eux-mêmes disposés en grappes.

Lorsque l'épi, comme chez l'Arum, est enveloppé d'une large feuille nommée *spathe*, l'inflorescence prend le nom de *spadice* (fig. 46, IX). Le spadice devient un *régime*, lorsque, comme chez les Palmiers, la spathe entoure une grappe composée.

6° La *cyme* est une inflorescence où l'axe principal se termine par une fleur ainsi que chacune de ses ramifications.

Il y a plusieurs sortes de cymes. La plus intéressante est celle où chaque pédoncule, terminé par une fleur, ne porte qu'une seule ramification, toujours insérée du même côté, si bien que l'inflorescence s'enroule en spirale. C'est ce qu'on appelle une *cyme unipare scorpioïde* (fig. 47), par comparaison avec la queue d'un Scorpion. Ex. : le Myosotis.

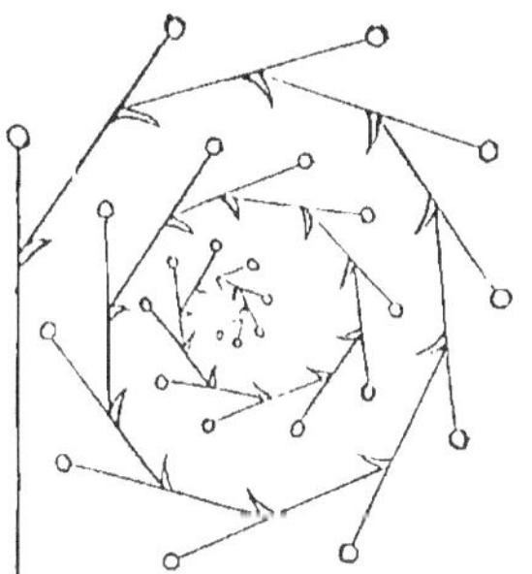

Fig. 47. — Cyme unipare scorpioïde.

Pièces florales. — Une fleur est formée par un certain nombre de feuilles modifiées, groupées à l'extrémité d'un rameau. Ce rameau, le *pédoncule floral* (fig. 48), s'attache sur la tige à l'aisselle d'une feuille nommée *bractée*, qui diffère généralement par son aspect des feuilles ordinaires. Le pédoncule floral se termine à son extrémité par le *réceptacle*, sur lequel s'insèrent les *pièces florales* (fig. 49).

La fleur est formée par quatre sortes d'organes disposés généralement en cercles concentriques ou *verticilles*. Ce

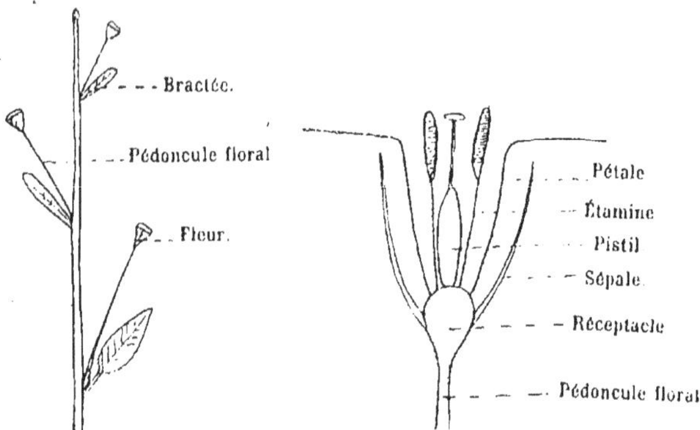

Fig. 48. — Rameau portant bractées et fleurs.

Fig. 49. — Coupe théorique d'une fleur.

sont, en allant de bas en haut, c'est-à-dire de l'extérieur vers l'intérieur.

1° Les *sépales* dont l'ensemble forme . . le *calice*.
2° Les *pétales* — — . . la *corolle*;
3° Les *étamines* — — . . l'*androcée*;
4° Les *carpelles* — — . . le *pistil*.

Les sépales et les pétales forment ce qu'on appelle les *organes accessoires* de la fleur ou *enveloppes florales*.

Les étamines et les carpelles en sont les *organes essentiels* ou *reproducteurs*.

Ce sont en effet les étamines et les carpelles qui concourent à la formation des graines. L'*étamine* ou *organe mâle* donne naissance au *pollen*, sorte de poussière jaune. D'autre part, à l'intérieur des carpelles, sont de petits corps arrondis, les *ovules*. Par la fusion d'un grain de pollen avec un ovule, ce dernier se transforme en *graine*, qui, en germant, reproduit la plante.

Sans pistil, une fleur ne produirait jamais de graine, mais il est nécessaire, pour que celles-ci se forment, qu'il y ait intervention des grains de pollen. Au contraire, le calice et la corolle peuvent faire défaut, sans empêcher la formation des graines; ils ne jouent qu'un rôle accessoire dans la reproduction.

Fleurs régulières et irrégulières. — Le plus souvent, les fleurs sont *régulières*, c'est-à-dire que dans chaque verticille, les pièces florales sont égales entre elles, disposées symétriquement par rapport à l'axe de la fleur. Sauf quelques rares exceptions, les pièces d'un verticille alternent régulièrement avec celles du précédent et du suivant.

C'est ainsi qu'ordinairement, sur le réceptacle, chaque pétale est inséré dans l'intervalle de deux sépales; une étamine s'attache entre deux pétales, etc. Nous verrons cependant, dans la deuxième partie de ce cours, en étudiant la famille des Primulacées (p. 116), que cette règle souffre quelques exceptions.

Certaines fleurs sont irrégulières. Les pièces de même nature sont alors de taille et souvent même de forme différentes, et la fleur, au lieu d'être symétrique par rapport à son axe, présente la symétrie bilatérale, c'est-à-dire est partagée par un plan passant par son axe en deux moitiés semblables entre elles comme un objet et son image dans une glace. Ex. : les fleurs de Pois, de Lamier blanc, de Linaire à fleurs jaunes, etc.

Souvent l'irrégularité ne porte pas sur tous les verticilles de la fleur à la fois. C'est ainsi que, dans la fleur de Giroflée, l'androcée est irrégulier, tandis que la corolle est régulière de même que le calice.

Calice. — Le calice se compose de *sépales*, petits organes qui sont le plus souvent verts et qui ressemblent beaucoup à des feuilles, à peine modifiées.

Lorsque les sépales du calice sont distincts les uns des autres et s'attachent séparément sur le réceptacle, le calice est dit *dialysépale* ou *polysépale*. Ex. : la Renoncule, la Giroflée, etc. Il est au contraire *gamosépale* ou *monosépale*, lorsque, par suite de la soudure des sépales entre eux, le calice semble fait d'une seule pièce, comme dans le Pois, l'Œillet, la Primevère, etc.

Lorsque le calice est gamosépale, le nombre des sépales dont la soudure entre eux a formé cette pièce unique est accusé par les dents que présente toujours le bord libre.

Corolle. — Les pétales de la corolle ressemblent le plus souvent à des feuilles, mais ne présentent pas la coloration verte; ils ont généralement de vives couleurs. C'est la corolle qui donne aux fleurs leur beauté.

La corolle peut être formée de pétales distincts ou soudés

entre eux en une seule pièce : elle prend alors les noms de corolle *dialypétale* ou *polypétale* dans le premier cas (fig. 50 et 51) ; corolle *gamopétale* ou *monopétale* dans le second (fig. 52 et 53). La corolle peut d'ailleurs être régulière (fig. 50 et 52) ou irrégulière (fig. 51 et 53). Le tableau suivant donne quelques exemples des diverses formes que peut présenter une corolle.

Corolle dialypétale.	*Régulière :* Renoncule, Giroflée, Œillet. *Irrégulière :* Pois, Gesse.
Corolle gamopétale.	*Régulière :* Campanule, Primevère, *Irrégulière :* Lamier, Muflier.

Les noms donnés au calice et à la corolle, suivant que les pièces qui les forment sont libres entre elles ou réunies, ont une étymologie grecque : *dialypétale* signifie à pétales distincts, *gamopétale*, à pétales soudés; *polypétale* veut dire à plusieurs pétales et *monopétale* à un seul pétale. Il vaut mieux se servir de l'expression *gamopétale* de préférence à celle de *monopétale*, car lorsque la corolle est d'une seule pièce, ce n'est pas parce qu'il n'y a qu'un seul pétale, mais bien plusieurs pétales soudés entre eux, ainsi que l'indiquent bien, du reste, les divisions qu'on remarque sur le bord.

Dans certaines fleurs, comme le Lis, la Tulipe, l'Iris, etc., les sépales sont colorés comme les pétales dont ils ne se distinguent pas par leur aspect, mais seulement par leur position plus externe ; on dit alors qu'ils sont *pétaloïdes*.

Il semble au premier abord qu'il n'y ait pas de calice, mais seulement une corolle. Dans ce cas, on donne à l'enveloppe florale, en apparence unique, le nom de *périanthe*, nom sous lequel on réunit parfois l'ensemble des enveloppes florales, calice et corolle.

Fleurs incomplètes. — Les enveloppes florales, n'étant que les parties accessoires de la fleur, peuvent manquer en totalité et en partie.

Lorsqu'il n'y a qu'une seule enveloppe florale, c'est la corolle qui manque et la fleur est dite *apétale*, c'est-à-dire sans pétales. Ex. : Anémone, Ricin, Chêne, etc.

Le calice peut d'ailleurs dans ce cas être formé de sépales verts ou bien pétaloïdes, c'est-à-dire prenant l'aspect et la couleur des pétales qui font défaut.

Si le calice et la corolle manquent tous deux à la fois, la fleur est *nue* ou *apérianthée* (sans périanthe).

Fig. 50. — Fleur régulière (Cerisier).

Fig. 52. — Fleur régulière (Campanule).

Fig. 51. — Fleur irrégulière (Gesse).

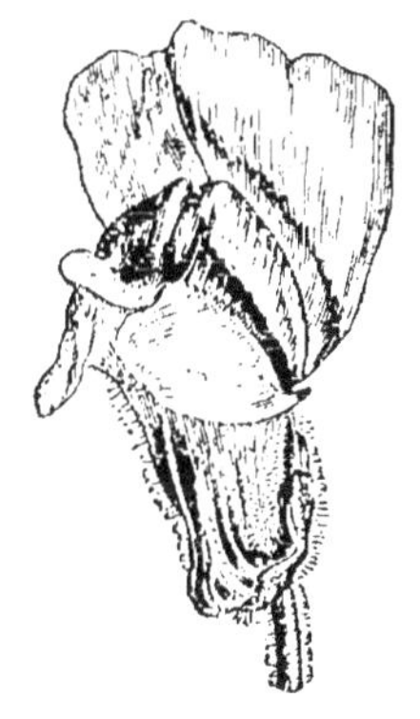

Fig. 53. — Fleur irrégulière (Muflier).

Les organes essentiels (étamines et pistil) ne peuvent manquer à la fois dans une même fleur, sinon celle-ci est *stérile*.

Lorsqu'une fleur renferme à la fois des étamines et un pistil, on l'appelle *fleur hermaphrodite*. Ex. : Giroflée, Renoncule, Pois, Lamier blanc, etc.

On rencontre souvent des plantes ayant deux sortes de fleurs :

Les unes possèdent des étamines, mais pas de pistil; ce sont des fleurs *mâles* ou *staminées*.

D'autres ont un pistil, mais pas d'étamines ; ce sont des fleurs *femelles* ou *pistillées*.

Lorsqu'une plante a des fleurs mâles et des fleurs femelles, celles-ci peuvent se trouver à la fois sur le même pied : la plante est alors *monoïque*, comme par exemple chez le Chêne.

Chez d'autres plantes au contraire, comme le Saule, le Peuplier, le Lychnis ou Compagnon blanc, etc., un pied ne porte que des fleurs mâles et les fleurs femelles sont sur un autre pied. Dans ce cas, la plante est dite *dioïque*.

SEPTIÈME LEÇON

LA FLEUR (*suite*).

Étamines. — Une *étamine* se compose de deux parties : une petite colonnette, le *filet*, servant de support à une masse renflée, de forme ovoïde, appelée *anthère* (fig. 54).

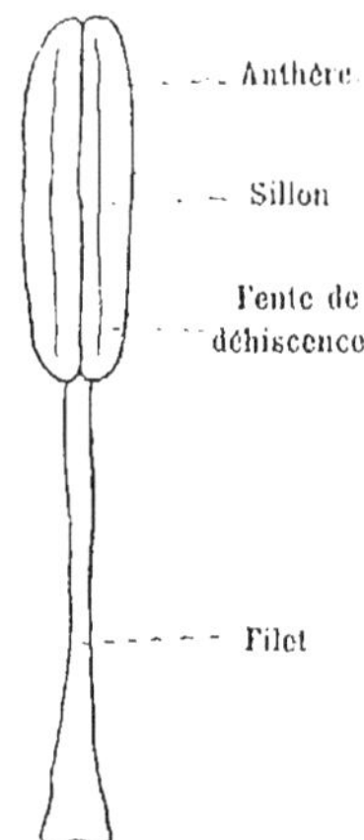

Fig. 54. — Étamine.

L'*anthère* est partagée suivant la ligne médiane par un *sillon* qui la divise en deux dans le sens de la longueur. A chacune de ces moitiés correspond à l'intérieur une cavité ou *loge*, qui s'ouvre à maturité pour laisser sortir une poussière fine et abondante, le plus souvent de couleur jaune, qu'on appelle le *pollen* et qui joue un rôle considérable dans la formation des graines.

L'androcée est régulier lorsque les étamines sont égales entre elles et régulièrement disposées autour de l'axe, irrégulier dans le cas contraire.

Les étamines sont quelquefois soudées entre elles, soit par leurs filets, soit par leurs anthères. Elles s'attachent ordinairement directement sur le réceptacle, mais quelquefois aussi elles peuvent s'accoler par leur base soit aux sépales (Fraisier) soit au tube de la corolle gamopétale (Primevère), nous verrons des exemples de ces dispositions en étudiant les familles du règne végétal.

Pollen. — Le *pollen* est une petite masse sphérique de protoplasma enveloppée de deux membranes. La membrane externe porte des ornements qui permettent de reconnaître au microscope le pollen de telle ou telle plante (fig. 55).

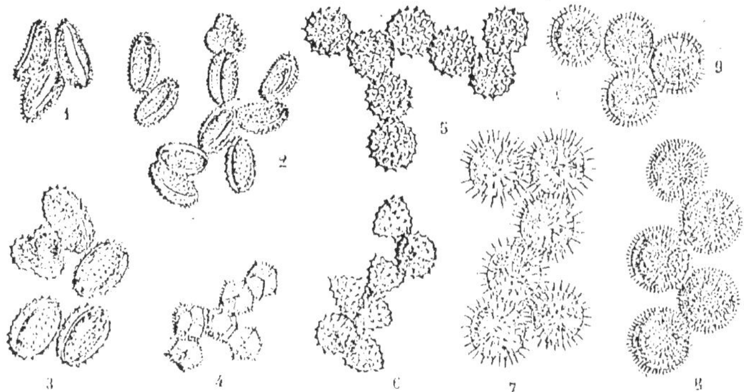

Fig. 55. — Grains de pollen, vus au microscope : 1 Nénuphar. — 2 Gui. — 3 Carline. — 4 Pissenlit. — 5 Chardon. — 6 Buphthalme. — 7 Hibiscus. — 8 Mauve. — 9 Campanule.

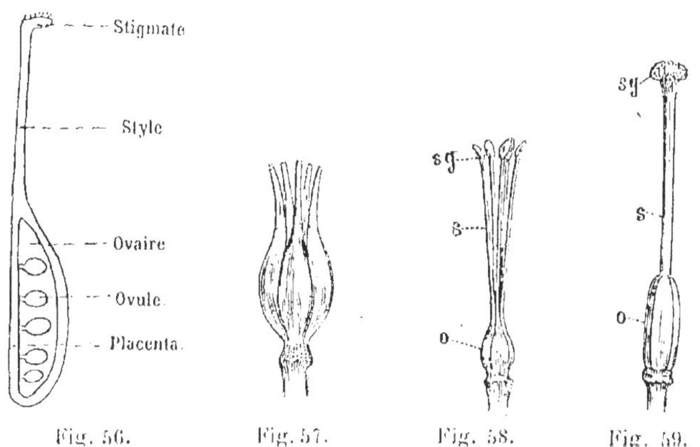

Fig. 56. Fig. 57. Fig. 58. Fig. 59.

Fig. 56. — Carpelle. — Fig. 57. — Pistil à 5 carpelles distincts. — Fig. 58. — Pistil à 5 carpelles soudés en un ovaire ; les cinq styles sont libres. — Fig. 59. — Pistil à 3 carpelles soudés en un seul pistil sur toute la longueur.

Pistil. — Les *carpelles* sont les organes femelles de la fleur, comme les étamines en sont les organes mâles. Chacun d'eux se compose d'une cavité close, située à la base, l'*ovaire* (fig. 56), renfermant un ou plusieurs *ovules*, petits corps arrondis, qui se transformeront plus tard en graines. L'ovaire se continue par une petite colonne, le *style*, sur-

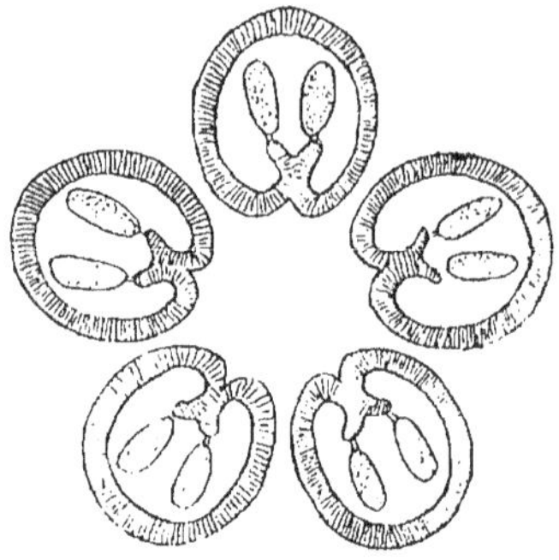

Fig. 60. — Coupe transversale d'un ovaire à 5 carpelles distincts.

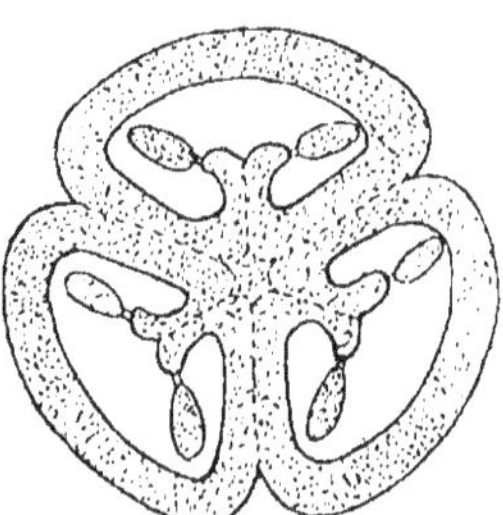

Fig. 61. — Coupe transversale d'un ovaire à 3 carpelles soudés ; placentation axile.

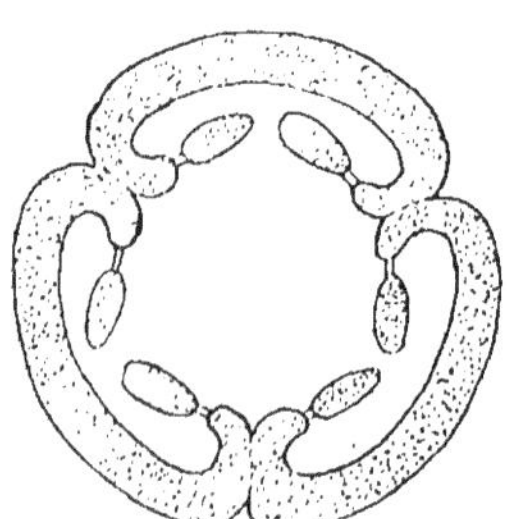

Fig. 62. — Coupe transversale d'un ovaire à 3 carpelles soudés ; placentation pariétale.

montée d'un plateau, hérissée de papilles visqueuses, le *stigmate* (fig. 56).

Les carpelles sont situés au centre de la fleur, formant un groupe serré, le *pistil*. Ils restent parfois distincts, comme chez la Renoncule, le Fraisier, l'Hellébore (fig. 57), etc. Très fréquemment aussi ils se soudent et le pistil forme un organe d'une seule pièce. L'ovaire du pistil est formé alors par la soudure des ovaires des carpelles. Il peut ne présenter qu'une seule cavité ou être divisé en plusieurs loges, dont le nombre est en général celui des carpelles qui se sont soudés pour former l'ovaire.

Lorsque les carpelles sont soudés en un ovaire unique, les styles peuvent rester distincts, ainsi que les stigmates (fig. 58), ou se souder aussi entre eux (fig. 59).

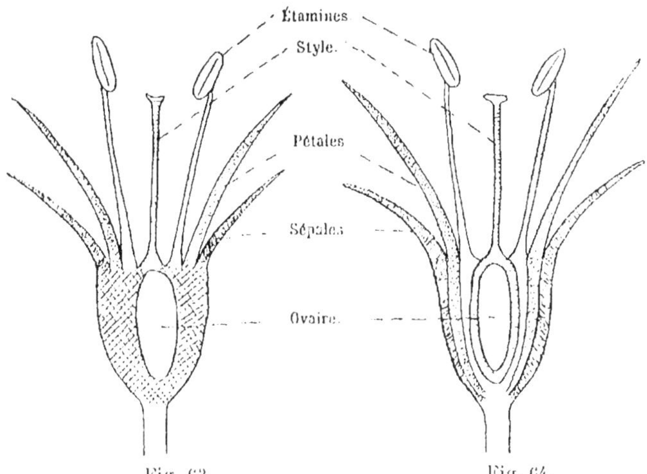

Fig. 63. — Coupe d'une fleur à ovaire infère. — Fig. 64.— Coupe théorique pour montrer la soudure des pièces florales dans une pareille fleur.

Placentation. — On appelle *placenta* le point de la paroi de l'ovaire où s'attachent les ovules. Lorsque les carpelles restent distincts, les placentas sont toujours tournés du côté de l'axe de la fleur : on dit alors que la *placentation* est *axile* (fig. 60).

Lorsque, par suite de la soudure des carpelles, il n'y a qu'un ovaire, si celui-ci est divisé en plusieurs loges les ovules s'attachent à l'angle externe de chacune de celles-ci, sur l'axe de la fleur (fig. 61) ; la placentation est encore *axile*. Dans un ovaire à une seule loge, où les ovules s'attachent sur les parois latérales de l'ovaire (fig. 62), la placentation est dite *pariétale*. Il y a, dans ce cas, autant de placentas que de carpelles soudés entre eux pour former le pistil.

Ovaire infère ou adhérent. — Le plus souvent le pistil est libre au centre de la fleur, mais quelquefois les organes des verticilles externes se soudent tout autour de l'ovaire et ne deviennent libres qu'au dessus. Il semble alors que tous les organes soient attachés au-dessus de l'ovaire, qui forme un renflement sous la fleur. On dit dans ce cas que l'ovaire est *infère* ou *adhérent* (fig. 63 et 64). Ex. : le Poirier, la Carotte, etc.

Formule florale. — Lorsqu'on veut représenter les caractères principaux d'une fleur et indiquer rapidement le nombre des pièces florales qui la forment, ainsi que leur disposition, on peut employer ce qu'on appelle une *formule florale*, dans laquelle on inscrit ces diverses indications.

On convient de représenter les sépales par la lettre S, les pétales par la lettre P, les étamines par la lettre E, les carpelles par la lettre C. Chaque lettre est précédée d'un chiffre indiquant combien il y a de pièces de cette sorte. Lorsque le chiffre est entre parenthèses, c'est que les pièces du verticille sont soudées entre elles en une seule masse.

Donnons quelques exemples de formule florale.

Giroflée.	4S + 4P + 6E + 2C
Bouton d'or.	5S + 5P + ∞ E + ∞ C
Pois.	(5)S + 5P + (9) + 1E + 1C
Bourrache.	(5)S + (5)P + 5E + 2C

Le signe ∞ dans la formule du Bouton d'or signifie un nombre très grand et indéterminé.

Dans le Pois, en écrivant qu'il y a (9) + 1 étamines nous indiquons que le Pois a un androcée de 10 étamines dont 9 sont soudées entre elles.

Diagramme. — Au lieu d'écrire la formule d'une fleur, on peut en dessiner le *diagramme*, c'est-à-dire une coupe horizontale passant par les parties les plus intéressantes des pièces des divers verticilles (fig. 65 à 68).

Un diagramme a sur une formule le grand avantage qu'il permet d'indiquer si la fleur est régulière ou non, de montrer la position relative des pièces entre elles, la soudure de ces pièces, etc.

Les figures 65 à 68 représentent les diagrammes des fleurs dont nous avons donné plus haut la formule florale.

Le diagramme de la Giroflée (fig. 65) montre que cette fleur se compose de 4 sépales, de 4 pétales alternant avec les pièces du calice, de 6 étamines, dont deux situées en face de 2 sépales et les 4 autres par paires en face des deux autres sépales, d'un ovaire à 2 loges renfermant chacune deux rangs d'ovules et surmonté de 2 stigmates.

Le diagramme du Bouton d'or (fig. 66) montre qu'il y a 5 sépales, 5 pétales, un grand nombre d'étamines et un grand nombre de carpelles libres entre eux.

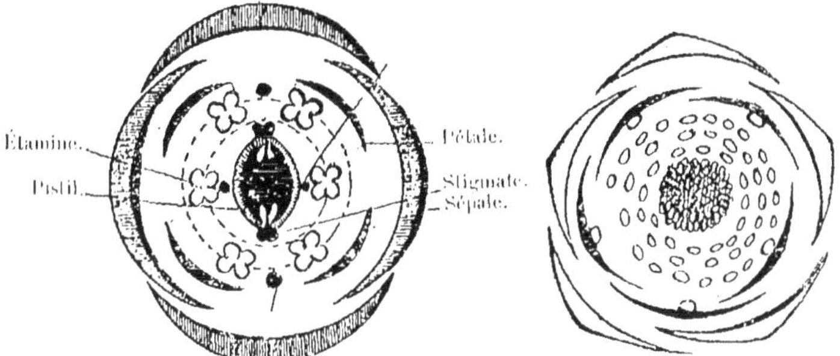

Fig. 65. — Diagramme de Giroflée.

Fig. 66. — Diagramme de Bouton d'or.

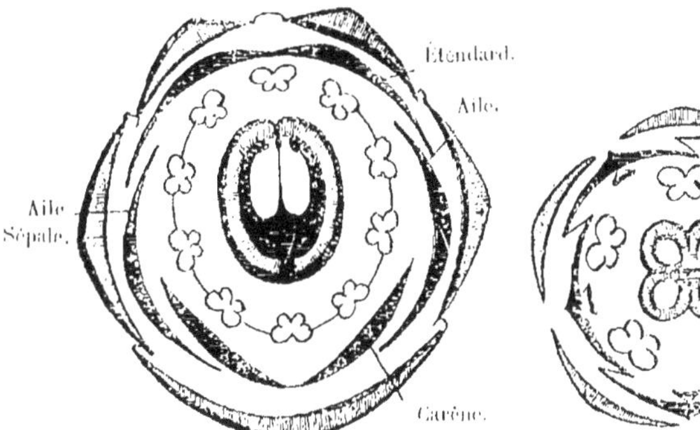

Fig. 67. — Diagramme de Pois.

Fig. 68. — Diagramme de Bourrache.

Le diagramme du Pois (fig. 67) indique que la fleur est irrégulière et présente la symétrie bilatérale. La réunion des 5 sépales par un léger trait indique que le calice est gamosépale : la corolle est formée de 5 pétales inégaux, se recouvrant les uns les autres d'une façon particulière. Sur les 10 étamines, 9 sont soudées par leur filet, ce que montre le trait continu réunissant les 9 anthères; la 10ᵉ est libre. Le pistil est formé d'un seul carpelle.

Dans la Bourrache (fig. 68), la corolle est gamopétale, ce qu'indiquent les traits ponctués réunissant les pièces de la corolle.

Fonction des fleurs. — La fleur a pour fonction principale de former les graines. Ce sont les ovules des carpelles qui se transforment en graines, et pour cela il est nécessaire qu'ils soient au préalable imprégnés par le pollen produit par les étamines.

Fig. 69. — Insectes visitant des Chardons.

A maturité, les anthères s'ouvrent pour mettre en liberté le pollen. Celui-ci est alors transporté jusque sur le stigmate, où il se colle aux papilles visqueuses qui surmontent cet organe.

Le transport des grains de pollen sur le stigmate peut avoir lieu directement dans une même fleur, chez les fleurs hermaphrodites, où les étamines et le pistil sont mûrs à la fois. Ce transport se fait soit par le propre poids de la poussière pollinique, soit par certains mouvements propres des étamines. Chez les plantes où il y a des fleurs mâles et des fleurs femelles, de même que chez celles qui ont des fleurs *hermaphrodites*, mais dont les anthères et les ovules ne parviennent pas à maturité à la même époque, il est indispensable que le pollen d'une fleur soit porté sur le stigmate d'une autre fleur. Ce transport est assuré par des moyens très divers, en particulier par l'action du vent et surtout par l'intervention des insectes qui vont butiner de

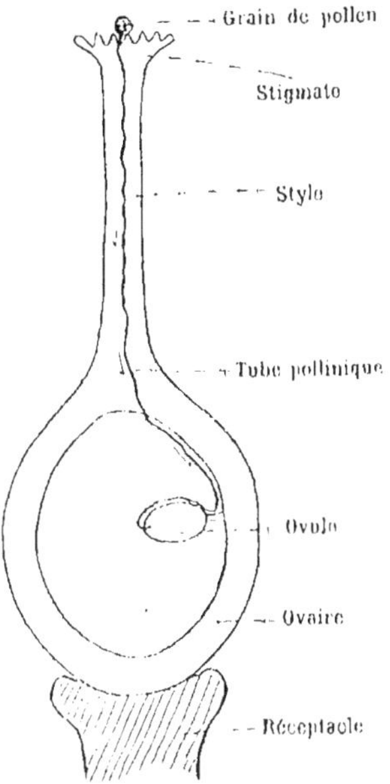

Fig. 70. — Germination du pollen sur le stigmate et à travers le style.

fleur en fleur le liquide sucré (*nectar*) contenu dans les *nectaires*, petits organes situés ordinairement à la base de la corolle. En se frottant aux étamines, leur tête se charge de grains de pollen qui se trouvent ensuite déposés sur le stigmate d'une autre fleur lors de la visite de celle-ci (fig. 69).

Lorsque les grains de pollen ont été déposés sur les papilles du stigmate, ils y germent, c'est-à-dire donnent naissance à un long tube pollinique, qui s'introduit à l'intérieur du style, en écarte les tissus et parvient ainsi jusque dans l'ovaire (fig. 70). Là chaque tube pollinique rencontre un ovule dans lequel il pénètre. L'ovule est alors *fécondé* et prêt à se transformer en graine.

Lorsque la fécondation de l'ovule par le tube pollinique a eu lieu, le calice, la corolle et les étamines se flétrissent et tombent le plus souvent; seul le pistil persiste. L'ovaire en s'accroissant donne naissance au *fruit*, tandis que les ovules deviennent des *graines*. Ceux d'entre eux qui n'ont pas reçu de tube pollinique ne se développent pas et disparaissent.

On voit donc qu'il ne faut pas confondre *fruit* et *graine* : le fruit contient les graines, comme l'ovaire contient les ovules.

Souvent le calice persiste à la base du fruit et est dit alors *persistant* : dans ce cas, les pétales et les étamines se fanent seuls après la fécondation.

Le fruit étant le résultat de la transformation de l'ovaire, il est clair que, chez les plantes dioïques, seuls les pieds femelles peuvent porter des fruits.

HUITIÈME LEÇON

LE FRUIT.

Définition. — Le *fruit* est l'enveloppe des graines; c'est le résultat de l'accroissement de l'ovaire.

Péricarpe. — On nomme *péricarpe* la paroi du fruit; lorsque celui-ci est mûr, le péricarpe peut rester sec ou devenir mou et charnu. On distingue alors deux grandes catégories de fruits : les *fruits secs* et les *fruits charnus*.

1° Fruits secs. — Un grand nombre de fruits secs s'ouvrent à la maturité pour laisser échapper leurs graines : on les nomme fruits *déhiscents;* d'autres au contraire ne s'ouvrent pas et tombent en même temps que les graines qu'ils renferment : ce sont les fruits *indéhiscents*.

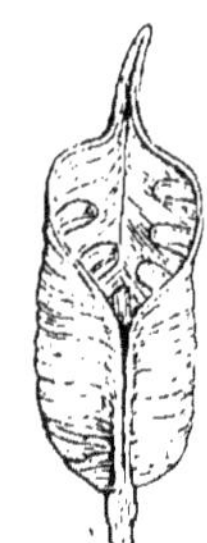
Fig. 71. — Follicule d'Hellébore.

A. Les *fruits secs déhiscents* portent en général le nom de *capsules*. La manière dont ils peuvent s'ouvrir est assez variable. Souvent il se fait des fentes longitudinales dans les parois. D'autres capsules s'ouvrent par une couronne de dents qui s'écartent au sommet; d'autres, par des trous ou *pores*; d'autres enfin, comme celle du Mouron rouge, par un couvercle qui se soulève et tombe.

Certains fruits déhiscents, qui ont une forme très caractéristique, ont reçu des noms particuliers.

Le *follicule* (fig. 71) est un fruit sec à une seule loge,

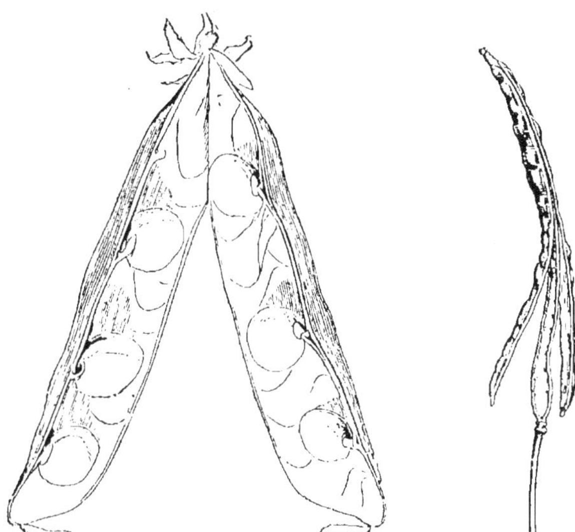

Fig. 72. — Gousse de Pois. Fig. 73. — Silique de Giroflée.

s'ouvrant par une fente longitudinale suivant le placenta. Ex. : Pied d'alouette, Hellébore, Pivoine.

La *gousse* (fig. 72) est un fruit sec, à une seule loge, s'ouvrant par deux fentes longitudinales, disposées l'une suivant le placenta et l'autre en face, si bien que la gousse se sépare à maturité en deux valves, dont chacune porte une rangée de graines. Ex. : Pois (fig. 72), Haricot, etc.

La *silique* (fig. 73) est un fruit sec de forme allongée, divisé en son intérieur en deux loges séparées par une mince cloison. Chaque loge contient deux rangs de graines attachées à l'angle de la cloison. A maturité, il se produit quatre fentes longitudinales, deux pour chaque loge, disposées de telle sorte que le fruit s'ouvre par trois valves, dont celle du milieu seule porte les graines insérées sur quatre rangs, deux de chaque côté (fig. 73). Ex. : Chou, Navet, Giroflée, etc.

B. Les *fruits secs indéhiscents* sont ceux qui ne s'ouvrent pas à maturité. Lorsqu'ils ne renferment qu'une seule graine on leur donne le nom d'*akène*. Ex. : Sarrazin ou Blé noir.

Le *caryopse* se distingue de l'akène en ce que le péricarpe y est soudé aux téguments de la graine. Ex. : Blé.

La *samarre* est un akène dont le péricarpe présente un prolongement en forme d'aile.

D'une façon générale, les fruits secs indéhiscents ne contiennent qu'une seule graine. Les akènes d'ailleurs vont ordinairement par groupes, succédant aux carpelles séparés qui forment le pistil au centre de la fleur, comme cela a lieu pour la Renoncule. Lorsque la fleur se fane et que les fruits sont mûrs, les akènes sont dispersés sur le sol et comme chacun de ces fruits ne renferme qu'une graine, il n'y a pas besoin que le péricarpe s'entrouvre pour la laisser sortir : la graine, en germant, brisera son enveloppe. La dissémination sur le sol des akènes est d'ailleurs souvent favorisée par la présence d'aigrettes plus ou moins plumeuses, qui donnent prise au vent et qui proviennent de la transformation du style des carpelles.

Les fruits déhiscents sont, au contraire, ceux qui renferment ordinairement plusieurs graines. Si ces fruits ne s'ouvraient pas, mais se détachaient de la plante pour tomber à terre, toutes les graines germeraient au même point du sol et se nuiraient réciproquement. Au contraire, le fait que le fruit s'ouvre en restant attaché sur l'arbre, favorise la dissémination des graines et assure une facile germination à la plupart d'entre elles.

2° **Fruits charnus.** — Les fruits charnus sont pour la plupart indéhiscents. On en distingue deux sortes principales : la *baie* et la *drupe*.

La *baie* est un fruit charnu, dont le péricarpe tout entier devient charnu. Au centre de cette pulpe, sont les graines ou *pepins*. Ex. : le Raisin, la Groseille, etc.

La *drupe* se distingue de la baie par son péricarpe dont la partie externe seule est charnue. Sa partie intérieure devient dure, prend la consistance du bois et forme l'enveloppe du *noyau*, à l'intérieur duquel se trouve la graine. Ex. : la Cerise (fig. 74), la Pêche, l'Abricot, etc.

On distingue en général le péricarpe en trois couches : l'*épicarpe* à l'extérieur, le *mésocarpe* au milieu, l'*endocarpe* à l'intérieur. Dans la baie, l'épicarpe forme la peau du fruit; tandis que le mésocarpe et l'endocarpe deviennent tous deux charnus. Dans la drupe au contraire, seul le mésocarpe devient pulpeux, tandis que l'endocarpe forme le noyau (fig. 74).

La Pomme tient à la fois de la baie et de la drupe : c'est un fruit à péricarpe charnu et à pepins, mais l'endocarpe (qui forme

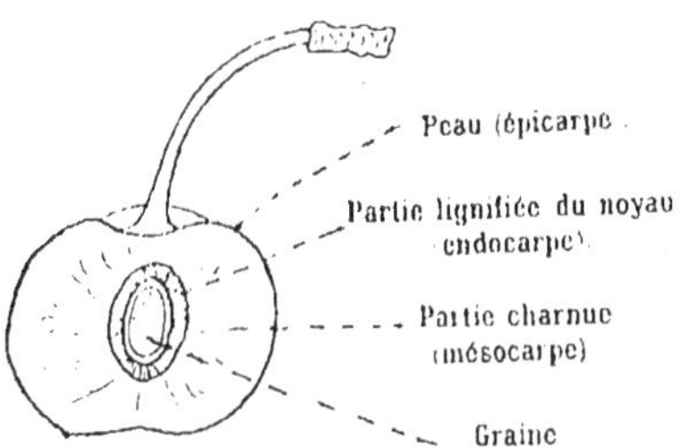

Fig. 74. — Drupe (Cerise coupée en long).

la paroi des loges renfermant les graines) est parcheminé et plus consistant que le mésocarpe.

LA GRAINE.

Définition. — La graine résulte du développement de l'ovule lorsqu'il a été fécondé par le grain de pollen; elle est située à l'intérieur du fruit.

Caractères. — Une graine se compose : 1° d'enveloppes ou *téguments ;* 2° de *l'embryon* ou *plantule ;* 3° d'une réserve de nourriture, destinée à subvenir, lors de la germination, aux premiers besoins de l'embryon.

Téguments. — Les graines présentent une ou deux enveloppes suivant les cas ; c'est ainsi qu'il n'y a qu'un tégument à la graine du Haricot, deux autour des graines du Ricin, de l'Amandier, etc. Le tégument unique, ou le tégument externe lorsqu'il y en a deux, sont en général durs et jouent un rôle protecteur pour la plantule en attendant la germination.

A la surface extérieure de la graine, on remarque une petite cicatrice provenant de la rupture du cordon d'attache avec le fruit : c'est le *hile.*

Embryon. — L'*embryon* ou *plantule* est la partie de la graine, qui à elle seule donnera toute la graine qui doit en naître. C'est une véritable plante en miniature, car elle se compose de toutes les parties qui forment l'appareil végétatif d'une plante (fig. 75 à 77) ; on y trouve en effet :

1° Une *radicule*, début de la racine ;

2° Une *tigelle*, ou petite tige ;

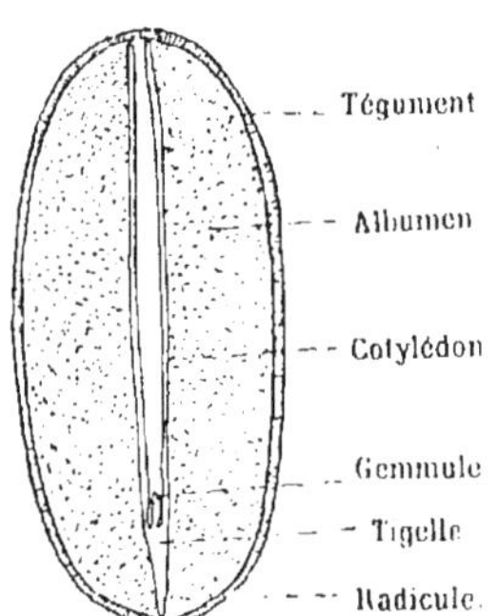

Fig. 75. — Graine de Ricin.

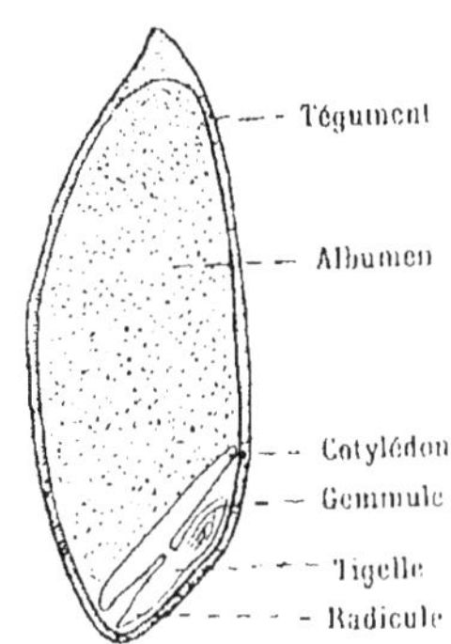

Fig. 76. — Graine de Blé.

3° Une *gemmule*, premier bourgeon terminal ;

4° Les *cotylédons*, qui s'attachent au point de jonction de la tigelle et de la gemmule et qui représentent les premières feuilles.

Il peut y avoir deux cotylédons (fig. 75) ou un seul (fig. 76). Les plantes, dont les graines ont deux feuilles primitives ou cotylédons, sont dites *Dicotylédones*. Ex. : Ricin (fig. 75), Saponaire, etc. Les graines des *Monocotylédones* n'ont qu'un seul cotylédon. Ex. : Blé (fig. 76).

Réserve nutritive. — La graine possède encore une réserve de nourriture, destinée à permettre à l'embryon de se développer lors de la germination. Deux cas peuvent se présenter.

1° Cette réserve de nourriture est nettement séparée de la plantule et forme une masse distincte d'elle à l'intérieur de la graine. On lui donne le nom d'*albumen*. Ex. : les graines de Ricin (fig. 75), de Blé (fig. 76), de Saponaire, etc., sont des *graines à albumen*.

L'albumen occupe d'ailleurs une position variable dans la graine par rapport à l'embryon. Dans le Ricin, la plantule ou *embryon* est à l'intérieur de l'albumen (fig. 75). Dans le Blé ou la Saponaire, elle est située latéralement (fig. 76).

2° Chez beaucoup de graines, la réserve de nourriture ne reste pas distincte, mais pénètre dans les cotylédons, qui, au lieu de rester minces et foliacés comme dans les graines à

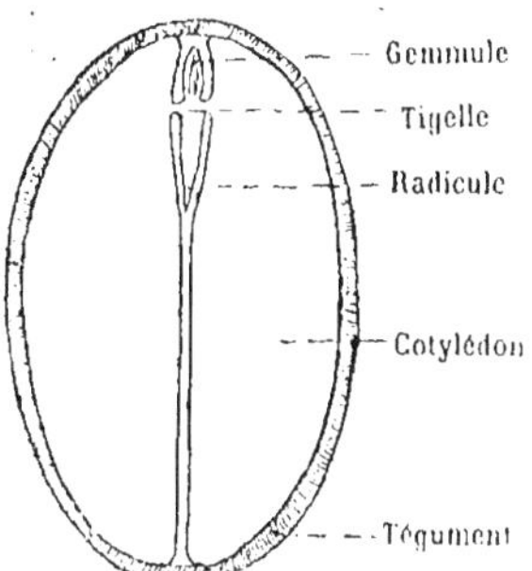

Fig. 77. — Graine de Haricot.

albumen, deviennent gros et remplissent alors presque toute la graine, qui se réduit alors à son enveloppe et à la plantule. Ce sont des *graines sans albumen*. Ex. : Haricot (fig. 77), Pois, etc.

Qu'il y ait un albumen ou non, que la provision de nourriture soit distincte ou incorporée dans les cotylédons, elle peut se composer d'amidon (Blé, Haricot, Pois, etc.), d'huile (Ricin, Colza, Houx, etc.) ou de substances diverses (Café, Dattier, etc).

Les graines dont l'albumen est formé d'amidon sont dites *amylacées* ou *farineuses*; celles qui renferment de l'huile dans leur réserve nutritive sont appelées des graines *oléagineuses*. On dit que l'albumen est *corné* lorsqu'il devient très dur, comme dans la graine du Dattier.

Germination. — La fonction de la graine est de reproduire la plante par la germination.

Lorsque la graine est mûre et détachée du fruit, elle semble ne point vivre. C'est une erreur : elle vit parfaitement car elle transpire et respire, mais très faiblement. On dit alors qu'elle est en état de *vie ralentie*. Si on vient à la placer dans des conditions favorables, elle est susceptible de passer de la vie ralentie à la *vie active* : elle germera, c'est-à-dire se développera en donnant une nouvelle plante. Ces conditions favorables sont de trois sortes ; il faut lui fournir : 1° de l'oxygène ou de l'air; 2° de l'humidité ; 3° de la chaleur.

L'air, l'eau et la chaleur sont nécessaires pour la germination des graines; aussi peut-on conserver les graines sans germer, ainsi que le font les graineliers, dans un endroit bien sec. La chaleur, pour être favorable à la germination, ne doit être ni trop grande ni trop faible : aussi fait-on les semailles au printemps ou à l'automne, alors que la température est la plus convenable.

Pour qu'une graine placée dans un milieu externe favorable puisse germer, il faut qu'elle soit bien constituée, parfaitement mûre et, pour quelques-unes tout au moins, d'origine assez récente.

Certaines graines en effet ne conservent pas longtemps leur *pouvoir germinatif*, c'est-à-dire la faculté qu'elles ont de germer quand on leur fournit de l'eau, de la chaleur et de l'oxygène. Telles sont par exemple les graines de Café, et d'une façon générale, celles qui ont un albumen dur et corné.

Celles dont les réserves sont *oléagineuses*, c'est-à-dire formées d'huiles, peuvent conserver leur pouvoir germinatif quelques années, et celles qui renferment de l'amidon présentent une résistance bien plus grande encore. On raconte que des grains de Blé et d'Orge trouvés dans des sépultures romaines et égyptiennes, ayant été mis en terre, levèrent parfaitement bien, quoique vieux de plusieurs siècles.

La germination d'une graine comprend successivement les phénomènes suivants. Nous prendrons pour exemple la germination d'un Haricot (fig. 78).

1° La graine se gonfle en absorbant de l'eau ; les téguments finissent alors par éclater, le point de rupture se trouvant toujours en face de la radicule.

2° Celle-ci sort alors par l'ouverture et s'allonge en se dirigeant verticalement de haut en bas, quelle que soit d'ailleurs l'orientation primitive de la graine.

Si la graine en effet a été placée en terre la radicule en haut, celle-ci en croissant se recourbe pour prendre sa position normale.

En semant quelques graines de Haricot ou de Lupin dans un verre contenant de la mousse humide, on peut constater au bout de quelques jours, lorsque les graines ont germé, que, quelle que soit la position de la graine dans la mousse, la radicule a percé le tégument au hile et s'est recourbée bientôt sur elle-même pour croître verticalement de haut en bas.

3° La tigelle s'allonge alors, en soulevant la graine hors de terre et donne la partie inférieure de la tige comprise jusqu'aux deux premières feuilles, c'est-à-dire jusqu'aux deux cotylédons.

4° La gemmule se développe comme un bourgeon, c'est-

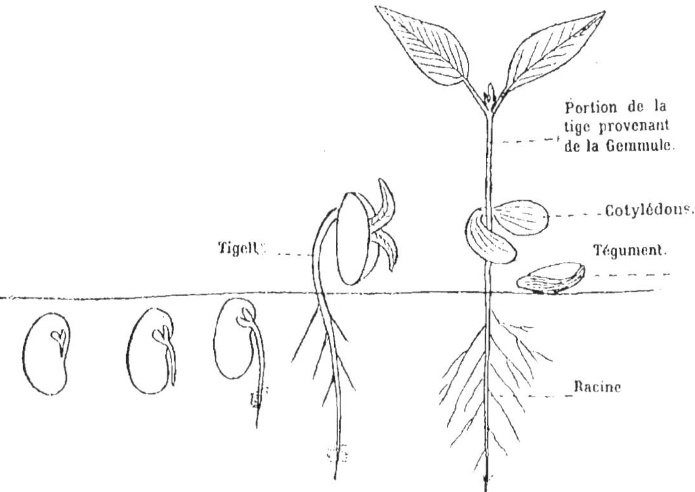

Fig. 78. — Germination du Haricot.

à-dire donne le reste de la tige et les feuilles qu'elle porte.

5° Le tégument tombe, les cotylédons s'écartent et deviennent verts.

A mesure que se produit ce développement, la réserve nutritive incluse dans les cotylédons est utilisée par la plantule pour son accroissement. Aussi les cotylédons se vident peu à peu, se flétrissent et finissent par tomber.

A ce moment la plante est constituée et capable de se nourrir directement dans le sol par ses racines, dans l'air par ses feuilles.

Nous avons pris pour exemple une graine de Haricot, où la réserve nutritive est incorporée dans les cotylédons. Quand la graine a un albumen comme chez le Ricin ou le Blé, ce sont les (ou le) cotylédons qui ont pour rôle de le digérer et de l'absorber. Pendant tout le temps que dure la germination, ils restent enfermés dans la graine au contact de la réserve nutritive. Puis ils tombent et forment les deux premières feuilles de la plante, prenant l'aspect des feuilles ordinaires.

DEUXIÈME PARTIE

LES GRANDES FAMILLES DU RÈGNE VÉGÉTAL

NEUVIÈME LEÇON

PRINCIPES DE CLASSIFICATION.

La Botanique comprend l'étude de tous les végétaux. Or le nombre des plantes connues est extrêmement grand ; il est donc nécessaire, pour pouvoir les connaître et les nommer, de les classer, c'est-à-dire de les répartir, d'après leurs caractères de ressemblance, en un certain nombre de groupes, que l'on subdivise eux-mêmes en groupes moins importants. C'est ce qu'on appelle faire la *classification* du Règne végétal.

Ces divers groupes ont reçu des noms qui sont les mêmes que ceux employés en Zoologie (1).

Le Règne végétal se divise en *embranchements*. Ex. : l'embranchement des *Phanérogames*, qui comprend toutes les plantes à fleurs.

Un embranchement se subdivise en *classes*. Ex. : la classe des *Dicotylédones*, qui, parmi les Phanérogames, comprend toutes les plantes à fleurs dont la graine possède deux cotylédons.

Une *classe* se subdivise en *ordres*. Ex. : l'ordre des *Dialypétales*, où l'on range toutes les plantes Phanérogames Dicotylédones dont la corolle est formée de plusieurs pièces, les pétales étant libres entre eux.

Un *ordre* se divise en *familles*. Ex. : la famille des *Viola-*

(1) Voir notre *Cours de Zoologie* pour la classe de sixième, p. 66.

riées comprenant toutes les Dialypétales qui, par leurs caractères, se rapprochent de la Violette.

Une *famille* se subdivise en *genres*. Ex. : le genre Violette.

Un *genre* se subdivise en *espèces*. Ex. : le genre Violette, qui se compose de plusieurs espèces : la Violette odorante, au délicieux parfum, la Violette des chiens, sans odeur, la Violette des bois, etc. La Pensée elle-même n'est qu'une espèce du genre Violette. Elle présente en effet des caractères communs assez étroits avec les Violettes pour avoir été réunie à elles dans le même genre.

Une *espèce* se subdivise en *races* et en *variétés*. Ex. : la Violette odorante a fourni par la culture plusieurs races : Violette des quatre saisons ; Violette russe ; Violette de Parme, etc. Ces races ne diffèrent entre elles que par des caractères très peu importants au point de vue de la classification.

On divise quelquefois un embranchement en *sous-embranchements*, une classe en *sous-classes*, etc. Une famille est souvent partagée en *tribus*, lorsque les genres qui forment cette famille peuvent être répartis, d'après leurs caractères de ressemblance, en groupes distincts. Ex. : la famille des Rosacées se subdivise en plusieurs tribus, qui ont pour types les genres Rosier, Fraisier, Prunier, Pommier, etc.

Genre et espèce. — De tous les groupes que l'on distingue dans la classification, le plus important est l'espèce. Par définition, appartiennent à la même espèce tous les végétaux qui se ressemblent entre eux plus qu'à aucune autre et qui ressemblent à leurs parents et à leurs descendants autant qu'ils se ressemblent entre eux.

Pour désigner un végétal, il suffit d'indiquer le genre et l'espèce auxquels il appartient. On lui donne donc deux noms : le premier, *nom générique*, désigne le genre, le second, *nom spécifique*, indique l'espèce. Ces deux noms sont empruntés à la langue latine et sont, le premier, un substantif, le second en général un adjectif.

Exemple : la Violette odorante et la Pensée sont deux espèces du genre *Viola*, appelées, la première, *Viola odorata*, la seconde *Viola tricolor*.

Viola est leur nom générique à toutes deux. *Odorata* est le nom spécifique de la Violette odorante, *tricolor*, celui de la Pensée.

On se sert du latin pour le choix des noms générique et spécifique, afin d'éviter la confusion qui pourrait se produire dans la désignation des plantes, si dans chaque pays on employait un langage scientifique différent. Dans la pratique, en France, on remplace souvent les noms latins par leur traduction. C'est ce que nous ferons dans la suite de cet ouvrage.

DIVISION DU RÈGNE VÉGÉTAL EN EMBRANCHEMENTS

Le règne végétal se divise en quatre grands embranchements :

1° Les PHANÉROGAMES, ou Plantes à fleurs. Ex. : la Violette, le Bluet, le Chêne, le Pin, etc.

Toutes les plantes qui n'ont pas de fleurs, mais se reproduisent par un procédé différent, sont désignées sous le nom général de *Cryptogames*. Les Cryptogames ne forment pas un embranchement du Règne végétal, mais comprennent tous les embranchements suivants, autres que celui des Phanérogames, de même qu'en Zoologie on réunit sous le nom d'*Invertébrés* tous les embranchements du Règne animal autres que celui des Vertébrés.

2° Les CRYPTOGAMES A RACINES. Ex. : les Fougères, les Prêles, les Sélaginelles, etc.

3° Les MUSCINÉES. Ex. : les Mousses.

4° Les THALLOPHYTES. Ex. : les Algues et les Champignons.

Embranchement I. — LES PHANÉROGAMES.

Caractères. — Les *Phanérogames* sont des plantes se reproduisant au moyen de *fleurs*. Leur appareil végétatif est complet et se compose de racines, tige et feuilles; il est parcouru par des vaisseaux, à l'intérieur desquels circule la sève nourricière.

Les caractères des Phanérogames ont été étudiés en détail dans la première partie de ce cours.

Classification. — L'embranchement des Phanérogames se divise en deux sous-embranchements : les *Angiospermes* et les *Gymnospermes*.

Chez les *Angiospermes*, le pistil de la fleur présente un ovaire clos de toutes parts, dans la cavité duquel sont enfermés les ovules. L'ovaire est alors surmonté d'un stigmate destiné à recevoir les grains de pollen et à leur permettre de développer les tubes polliniques qui doivent féconder les ovules.

Les Angiospermes forment deux classes ; celles des *Dicotylédones* et des *Monocotylédones*, suivant qu'il y a deux cotylédons ou un seulement à la graine.

Chez les *Gymnospermes*, au contraire, les carpelles ne forment point de cavité ovarienne, mais, conservant l'aspect d'une simple feuille, servent seulement de support aux ovules, qui peuvent recevoir directement les grains de pollen : il n'y a donc pas de stigmate au pistil.

Les Gymnospermes ne forment qu'une seule classe.

L'embranchement des Phanérogames se divise donc en trois classes : les *Dicotylédones*, les *Monocotylédones* et les *Gymnospermes*.

Classe I. — LES DICOTYLÉDONES.

Caractères. — Les *Dicotylédones* sont des Phanérogames angiospermes, dont la graine est pourvue de deux cotylédons, c'est-à-dire de deux feuilles primitives.

A ce caractère, qui peut servir de définition à la classe, s'en ajoutent plusieurs autres qui, par leur ensemble, permettent de distinguer à première vue une plante à fleur de la classe des Dicotylédones :

1° Les feuilles ont leurs nervures disposées en réseaux palmées ou pennées (Voy. p. 30).

Chez les Monocotylédones, au contraire, les feuilles ont le plus souvent les nervures parallèles.

2° Les fleurs sont construites sur le type 5 ou le type 4, c'est-à-dire que les pièces des différents verticilles, et principalement du calice et de la corolle, sont au nombre de 5 ou de 4 ou d'un multiple de ces nombres.

Une fleur d'Œillet est construite sur le type 5 ; elle a un calice de 5 sépales soudés, une corolle de 5 pétales, un androcée de 5 étamines. Une fleur de Giroflée est construite sur le type 4,

Fig. 79. Fig. 80. Fig. 81.

Fig. 79. — Fleur dialypétale (Fraisier). — Fig. 80. — Fleur gamopétale (Campanule). — Fig. 81. — Fleur apétale (Sarrazin).

ayant 4 sépales au calice, 4 pétales à la corolle. Œillet et Giroflée appartiennent à la classe des Dicotylédones.

Chez les Monocotylédones, au contraire, le type floral est le plus souvent 3. Les pièces florales y sont disposées par 3 ou un multiple de 3, comme par exemple chez le Lis, dont la fleur présente 3 sépales, 3 pétales, 6 étamines et 3 carpelles.

3° La tige et la racine peuvent s'accroître en épaisseur au moyen de formations annuelles de couches concentriques de bois et de liber secondaire.

Ce bois et ce liber secondaire naissent par une assise génératrice qui se forme entre le bois et le liber primaire de la façon que nous avons indiquée dans la troisième leçon (p. 24).

Chez les Monocotylédones, il ne se produit pas de semblables formations secondaires et la tige et la racine ne s'épaississent pas en général.

4° La racine principale et les racines secondaires sont en général bien développées.

Classification. — On divise la classe des Dicotylédones en trois ordres d'après la forme de la corolle ou son absence : les *Dialypétales* (fig. 79), les *Gamopétales* (fig. 80) et les *Apétales* (fig. 81).

Ordre I. — LES DIALYPÉTALES.

Caractères. — La corolle des *Dialypétales* est formée de pétales complètement distincts les uns des autres et que l'on peut détacher chacun séparément sans déchirer les autres.

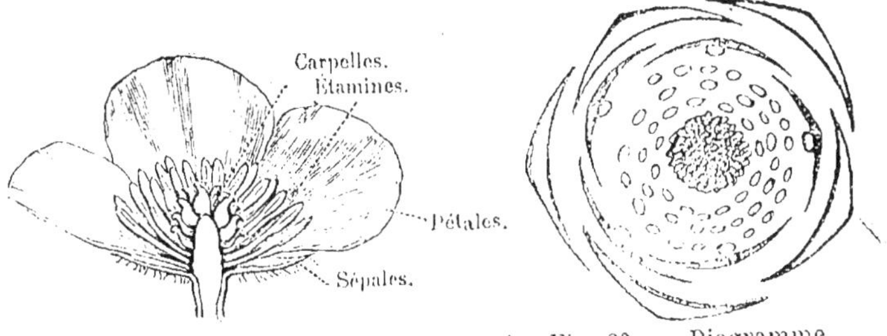

Fig. 82. — Fleur de Renoncule (coupée en long).

Fig. 83. — Diagramme de Renoncule.

Classification. — Nous étudierons dans cet ordre 6 familles seulement, choisies parmi les plus importantes : les *Renonculacées*, les *Crucifères*, les *Papavéracées*, les *Légumineuses*, les *Rosacées*, et les *Ombellifères*.

Famille I. — LES RENONCULACÉES.

1er type : le Bouton d'or. — Nous prendrons comme premier type de cette famille la fleur connue vulgairement sous le nom de *Bouton d'or*. Elle appartient au genre Renoncule qui a donné son nom à la famille.

Une fleur de Bouton d'or est régulière et complète. Elle se compose des parties suivantes (fig. 82) :

1° Un calice formé de 5 sépales verts, libres entre eux ;

2° Une corolle de 5 pétales jaunes, libres entre eux et alternant avec les sépales du calice ;

3° Des étamines en nombre assez considérable, mais variant en général d'une fleur à l'autre. On dit alors que les étamines sont en *nombre indéfini*. Les anthères de ces étamines s'ouvrent à maturité par des fentes longitudinales tournées du côté de l'extérieur ; ces étamines sont dites *extrorses* ;

En général, dans les fleurs, les étamines sont *introrses*, c'est-à-dire que les fentes, par où s'ouvrent les anthères, sont tournées du côté de l'axe de la fleur. Lorsque nous n'indiquerons rien pour les anthères dans les familles suivantes, c'est que les étamines sont introrses, et nous nous contenterons de signaler les cas exceptionnels où elles sont extrorses, comme dans la Renoncule et les Renonculacées.

4° Des carpelles en nombre indéfini, mais moins considérable que celui des étamines. Chacun de ces carpelles, tous indépendants les uns des autres et groupés en une tête globuleuse au centre de la fleur, se compose : d'un ovaire à une loge renfermant un seul ovule, et un court style surmonté d'un petit stigmate en forme de bec.

Lorsque la fleur se transforme en fruit, les sépales, les pétales et les étamines tombent; chaque carpelle devient un akène, c'est-à-dire un fruit sec ne renfermant qu'une graine et ne s'ouvrant pas à maturité. Le fruit est donc formé par une tête globuleuse d'akènes, en nombre égal à celui des carpelles de la fleur.

Formule florale du Bouton d'or. — Le nombre des pièces florales de la fleur de Bouton d'or peut être représenté par la formule florale suivante (Voy. p. 52) :

$$5S + 5P + \infty E + \infty C.$$

Diagramme du Bouton d'or. — La figure 83 représente le diagramme de la fleur de Bouton d'or. On y voit nettement que les pièces de la corolle alternent avec celles du calice. Chaque *pétale* porte à sa face interne une petite glande contenant du *nectar*.

2e type : l'Ancolie. — L'Ancolie (fig. 84) est une plante à fleurs bleues, commune dans les bois, au pied des haies, et qu'on cultive souvent dans les jardins.

Les enveloppes florales diffèrent un peu de celles de la Renoncule ; elles sont encore régulières. Le calice est formé de 5 sépales *pétaloïdes*, c'est-à-dire colorés comme des pétales; la corolle se compose de 5 pétales affectant la forme d'une lame prolongée par un long éperon tubuleux, au fond duquel est une glande sécrétant un liquide sucré nommé *nectar*.

L'androcée rappelle tout à fait celui du Bouton d'or; comme lui, il se compose d'étamines extrorses en nombre indéfini.

Le pistil, au contraire, est un peu différent : les carpelles sont encore libres entre eux, mais, alors que la Renoncule en possède un nombre assez considérable, dont l'ovaire ne contient qu'un seul ovule, chez l'Ancolie, il n'y en a qu'un nombre défini, cinq seulement, et chaque ovaire renferme plusieurs ovules.

A maturité, ces carpelles se transforment chacun en un

Fig. 84. — Ancolie.

fruit sec, s'ouvrant par une seule fente longitudinale pour mettre en liberté les graines qu'il contient : c'est ce qu'on appelle un follicule. Le fruit de l'Ancolie se compose donc de cinq follicules.

Formule florale de l'Ancolie. — La formule florale de l'Ancolie est :

$$5S + 5P + \infty E + 5C.$$

Diagramme de l'Ancolie. — Le diagramme de la fleur d'Ancolie est représenté par la figure 85. Les éperons des pétales y ont été indiqués. Les étamines les plus centrales sont stériles, c'est-à-dire dépourvues d'anthère, et ne produisent pas de pollen.

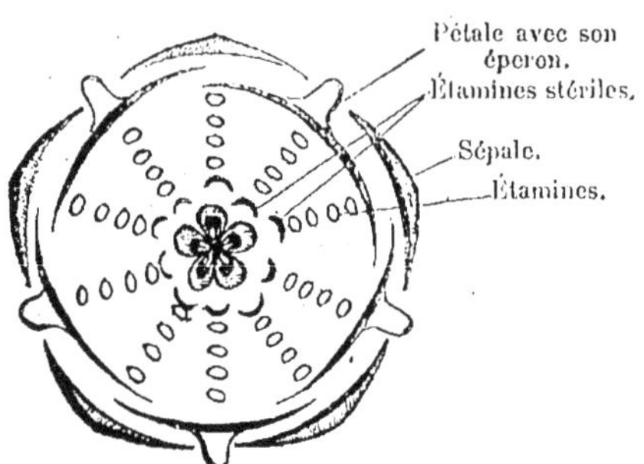

Fig. 85. — Diagramme d'Ancolie.

3e type : l'Aconit. — La fleur d'Aconit (fig. 86) rappelle tout à fait celle de l'Ancolie par son androcée et son pistil ; les étamines y sont extrorses et en nombre indéfini (fig. 87) ; le pistil se compose d'un petit nombre de carpelles (en général 3) à plusieurs ovules (fig. 88), se transformant à maturité en autant de follicules.

Mais les enveloppes florales sont bien différentes : elles sont irrégulières, c'est-à-dire que les sépales et les pétales sont inégaux et disposés symétriquement par rapport à un plan. Les sépales du calice, au nombre de 5, sont colorés comme des pétales ; l'un d'eux, celui d'en haut, est beaucoup plus développé que les autres, qu'il recouvre comme un capuchon (fig. 87). La corolle se compose de quelques pétales très petits, pouvant même disparaître complètement, et de deux autres bien développés, situés en haut de la fleur (fig. 88) et qui pénètrent sous le capuchon du calice.

Caractères des Renonculacées. — Les caractères généraux de la famille des Renonculacées sont très peu nombreux.

Les diverses plantes qu'on rencontre dans cette famille ne présentent pas, en effet, un ensemble de nombreux caractères nettement déterminés communs à toutes. Entre les trois types que nous avons étudiés, il existe par exemple de notables différences, surtout au point de vue des enveloppes florales, puisqu'à côté de fleurs régulières, comme le Bouton d'or et l'Hellébore, nous trouvons des fleurs irrégulières comme l'Aconit. Le caractère général le plus important permettant de définir les Renonculacées est tiré de l'androcée.

Les Renonculacées sont caractérisées principalement pa

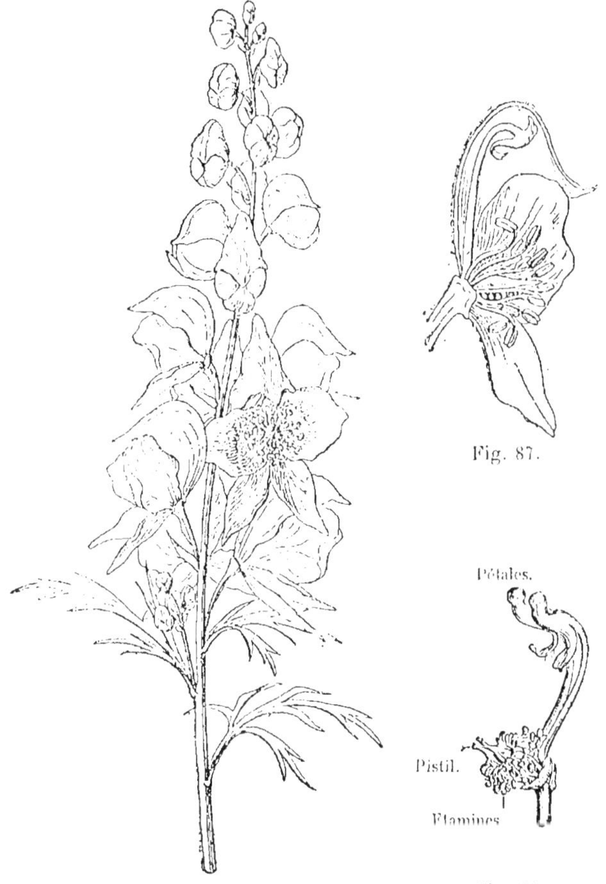

Fig. 86. Fig. 87. Fig. 88.

Fig. 86. — Pied d'Aconit. — Fig. 87. — Fleur d'Aconit (coupée en long). Fig. 88. — Fleur d'Aconit dépouillée de ses enveloppes florales.

leurs étamines nombreuses, extrorses et libres de toute adhérence avec les pièces du calice (1). Les carpelles sont presque toujours libres entre eux et se transforment, à ma-

(1) Nous verrons plus loin que dans les fleurs des *Rosacées*, les étamines sont également nombreuses, mais sont introrses et adhèrent par leur base aux sépales.

turité, en fruits secs (akènes ou follicules). Les graines contiennent un albumen distinct de l'embryon.

Les feuilles des Renonculacées sont souvent découpées et alternes chez toutes les plantes de la famille, sauf chez les Clématites.

Classification des Renonculacées. — La famille des Renonculacées peut être divisée en 3 groupes correspondant aux 3 types que nous avons considérés :

1° Renonculacées ayant pour fruits de nombreux akènes. Ex. : Renoncules, Anémones, Clématites, etc.

Les *Renoncules*, dont les fleurs se ressemblent toutes beaucoup, sont des plantes herbacées, très communes dans les prés, les moissons, sur le bord des chemins et des fossés. Il en existe de nombreuses espèces, toutes réunies sous le nom de *Boutons d'or* à cause de la couleur dorée de leurs fleurs. Sur les eaux des rivières et des étangs, on trouve des Renoncules aquatiques à fleurs blanches.

Les *Anémones* ont le même androcée et le même pistil que les Renoncules, mais les fleurs sont dépourvues de corolle; le calice, formé de sépales pétaloïdes, c'est-à-dire colorés comme des pétales, représente à lui seul les enveloppes florales. L'Anémone est donc une plante apétale, mais elle présente des analogies si frappantes avec les Renoncules, qu'on ne doit pas hésiter à les ranger à côté d'elles dans la famille des Renonculacées, malgré l'absence de la corolle. Parmi les Anémones indigènes on trouve : l'*Anémone sylvie* à fleurs blanches, commune au printemps dans les bois, l'*Anémone pulsatille*, à fleurs violettes, etc.

Les *Clématites*, comme les Anémones, n'ont pas de corolle et leur calice est formé de sépales pétaloïdes. Elles se distinguent des autres Renonculacées par leurs feuilles opposées.

2° Renonculacées ayant pour fruits un petit nombre de follicules et dont les fleurs sont régulières. Ex. : Hellébores, Nigelles, Ancolies.

Parmi les *Hellébores*, on rencontre l'*Hellébore noire* ou *Rose de Noël*, bien connue comme plante de jardin et dont le calice est pétaloïde; l'*Hellébore fétide*, ainsi nommée pour son odeur repoussante, etc.

Chez les *Nigelles*, les cinq follicules qui forment leur fruit se soudent entre eux par leur base et ne sont libres entre eux qu'au sommet.

Les *Ancolies* (fig. 84) ont des fleurs dont les 5 pétales se prolongent par des éperons, ce qui leur donne l'aspect de longs cornets.

Fig. 89. — Pied d'Alouette.

3° Renonculacées ayant pour fruits un petit nombre de follicules et dont les fleurs sont irrégulières. Ex. : Aconits, Dauphinelles ou Pieds d'alouette.

Chez les *Aconits* (fig. 86 à 88), le sépale supérieur du calice a la forme d'un capuchon ou d'un casque recouvrant les sépales latéraux et les pétales qui sont très petits, sauf deux.

Chez les *Pieds d'Alouette* (fig. 89), les sépales sont également pétaloïdes et le supérieur se prolonge en un long éperon creux.

Les *Pivoines* sont rangées dans la famille des Renonculacées. Leurs fleurs sont régulières et elles ont pour fruit un petit nombre de follicules. Leurs étamines sont en nombre indéfini, mais *introrses*. De plus, il y a une légère différence dans la forme du réceptacle, c'est-à-dire de la partie élargie où s'attachent les pièces florales à l'extrémité du pédoncule.

Fig. 90. — Pivoine à fleurs doubles.

Propriétés et usages des Renonculacées. — Les Renonculacées renferment dans leurs tiges et leurs feuilles un principe âcre et vénéneux. Aussi doit-on les regarder comme des plantes dangereuses ou tout au moins suspectes, et il faut toujours s'abstenir de porter à sa bouche les plantes de cette famille. La racine d'Aconit est un poison très violent.

Beaucoup de Renonculacées sont employées dans les jardins comme plantes d'ornement.

Parmi les plus belles, citons : les *Clématites*, et en particulier les *Clématites à grandes fleurs*, l'*Anémone du Japon* et l'*Anémone des fleuristes*, les *Adonis*, les *Renoncules des jardins*, la *Rose de Noël*, l'*Ancolie bleue*, la *Dauphinelle des jardins*, les *Pivoines* (fig. 90), etc.

DIXIÈME LEÇON

Famille II. — LES CRUCIFÈRES.

Type : la Giroflée. — La *Giroflée des murailles* ou *Ravenelle* croît dans presque toute la France, sur les vieux murs, les décombres, etc.

Une fleur de Giroflée est formée des parties suivantes :

1° Un calice régulier de 4 sépales distincts ;

2° Une corolle régulière de 4 pétales égaux et libres entre eux. Chacun de ces pétales se divise nettement en deux parties, l'une mince verticale, l'*onglet*, l'autre élargie et étalée horizontalement, le *limbe*. Les 4 onglets se dressent à l'intérieur du calice en une sorte de tube, tandis que les

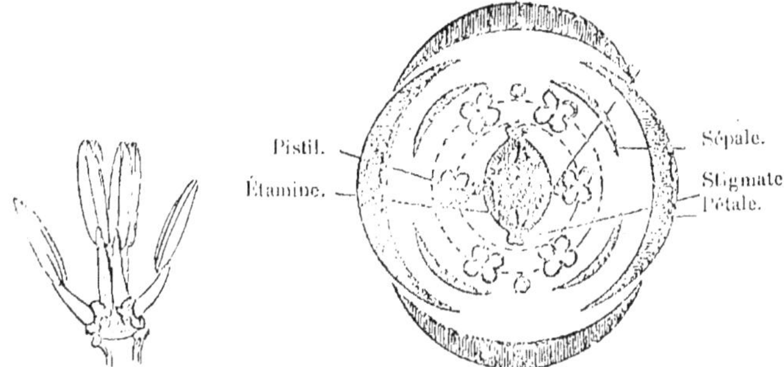

Fig. 91. — Étamines de la Giroflée.

Fig. 92. — Diagramme de Crucifère.

4 limbes se disposent en forme de croix. On dit, pour cette raison, que la corolle est *cruciforme*, et, comme ce caractère se retrouve chez toutes les plantes de la famille, on leur a donné le nom de *Crucifères* ;

3° L'androcée est irrégulier : il comprend, en effet, 6 étamines dont 4 longues disposées en deux paires situées l'une en face de l'autre dans la fleur, et 2 plus courtes alternant avec les paires précédentes (fig. 91). Lorsque, dans une fleur, il y a ainsi 6 étamines disposées de cette façon, on dit que les étamines sont *tétradynames* ;

4° Le pistil est formé de deux carpelles soudés entre eux en une pièce unique : il comprend un ovaire allongé, surmonté à son extrémité supérieure d'un style très court et d'un stigmate à 2 lobes. L'ovaire est creusé de 2 loges séparées par une cloison verticale et, dans chaque loge, s'attachent 2 rangs d'ovules insérés de chaque côté de la cloison, suivant la ligne qui la réunit aux parois de l'ovaire (fig. 92).

A maturité, l'ovaire grossit pour se transformer en un fruit sec qui s'ouvre pour mettre ses graines en liberté. Pour cela, il se produit 4 fentes longitudinales, 2 par loge, disposées suivant les bords de la cloison, de telle sorte que le fruit se sépare en 3 valves, dont deux s'écartent, l'une d'un côté, l'autre de l'autre, laissant entre elles la cloison portant toutes les graines insérées sur son pourtour, suivant 4 rangs, 2 de chaque côté. Un pareil fruit a reçu le nom de *silique* (fig. 73, p. 57).

Fig. 93. — Chou-fleur.

Formule florale de la Giroflée. — Les caractères de la Giroflée peuvent être résumés par la formule florale suivante :

$$4\,S + 4\,P + 6\,E + 2\,C$$

Dans cette formule, au lieu de 6 étamines on pourrait écrire 4 + 2 (avec un grand chiffre 4 et un petit 2) rappelant ainsi que, sur les 6 étamines, il y en a 4 grandes et deux petites.

Diagramme de la Giroflée. — Le diagramme de la fleur de Giroflée est représenté par la figure 92.

Caractères des Crucifères. — Les caractères que nou venons d'étudier se retrouvent chez presque toutes les plantes de la famille des Crucifères.

La corolle se compose de *4 pétales*, *aux limbes étalés en croix*.

L'androcée est formé de *6 étamines tétradynames*.

Le fruit est une *silique* ; lorsque sa longueur ne dépasse pas trois fois sa largeur, il prend le nom de *silicule*.

Les graines sont dépourvues d'albumen.

Fig. 94. — Cresson.

Propriétés et usages des Crucifères. — A la famille des Crucifères appartiennent de nombreuses plantes utiles à l'homme :

1° **Crucifères alimentaires.** — Plusieurs Crucifères sont alimentaires pour l'homme et les animaux. Ex. : Choux, Navets, Radis, etc.

Il existe de nombreuses espèces ou variétés de Choux, où la partie comestible de la plante est assez différente :

Chez les *Choux pommés* et les *Choux verts*, ce sont les feuilles que l'on mange ;

Chez les *Choux de Bruxelles*, ce sont les jeunes bourgeons qui se développent à l'aisselle des feuilles ;

Chez les *Choux-fleurs* (fig. 93), ce sont les inflorescences ; des substances nutritives s'accumulent dans les pédoncules floraux et dans les fleurs avant leur épanouissement, pressées les unes contre les autres en corymbes serrés ;

Chez les *Choux-Raves*, c'est le bas de la tige qui se renfle, devient charnu et ressemble à une grosse rave.

Les *Navets*, les *Raves* et les *Radis* ont une grosse racine pivotante, tuberculeuse et comestible.

2° **Crucifères médicinales.** — La plupart des Crucifères possèdent dans leurs tissus une essence âcre et irritante donnant à plusieurs d'entre elles des propriétés très actives, qui les ont fait employer en médecine. Ex. : Raifort, Moutarde, Cresson, etc.

Le *Raifort* ou *Cran de Bretagne* est doué de puissantes propriétés antiscorbutiques et entre dans la préparation de plusieurs produits pharmaceutiques. Sa racine râpée est utilisée dans les campagnes en guise de condiment.

Les graines de *Moutarde* renferment une essence sulfurée très active, nommée *essence de Moutarde*. La farine de Moutarde obtenue en écrasant ces graines est employée pour la fabrication des *sinapismes*, qui agissent sur la peau comme excitant énergique. Les graines de Moutarde servent aussi à la fabrication d'un condiment bien connu, dont l'emploi augmente le pouvoir digestif.

Le *Cresson de fontaine* (fig. 94) est un excellent aliment, fort agréable au goût et en même temps fort sain, à cause de ses propriétés dépuratives et antiscorbutiques. Il s'en consomme de telles quantités qu'on doit le cultiver dans des cressonnières artificielles.

3° **Crucifères oléagineuses.** — Les graines de plusieurs Crucifères renferment de l'huile dans les réserves nutritives de leurs cotylédons. Cette huile peut être extraite industriellement. Ex. : Colza, Navette.

L'huile de *Colza* a un goût désagréable et est employée pour l'éclairage. L'huile de *Navette* est alimentaire.

4° **Crucifères tinctoriales.** — Ex. : Pastel.

Des feuilles de *Pastel*, on retire une couleur bleue, qui a autrefois joué un grand rôle dans l'art du teinturier. Cette substance est aujourd'hui remplacée par l'indigo provenant de l'Indigotier, plante de la famille des Légumineuses (Voy. p. 91).

5° **Crucifères ornementales.** — Plusieurs Crucifères sont cultivées dans les jardins comme plantes d'ornement. Ex. : Giroflée, Iberis, Thlaspi, etc.

Plusieurs espèces de *Giroflées* ou *Violiers* sont excellentes à cultiver dans les jardins ou en pots au balcon des fenêtres. Les *Alysses* à fleurs jaunes, sous le nom de *Corbeille d'or*, les *Ibéris* et les *Thlaspi* à fleurs blanches, sous le nom de *Corbeille d'argent*, forment de jolies bordures autour des plates-bandes.

La *Lunaire* est une Crucifère cultivée parfois dans les jardins pour ses fruits, que l'on emploie à l'état sec, pour faire des bouquets d'hiver, sous le nom de *Monnaie du pape*.

La *Bourse à pasteur* n'est pas ornementale, mais mérite d'être signalée ici pour son abondance. C'est une des premières plantes d'herborisation que l'on apprend en général à connaître. On la trouve sur les murs, les bords des chemins, etc., et elle fleurit à peu près toute l'année. Ses fruits sont des silicules en forme de cœur.

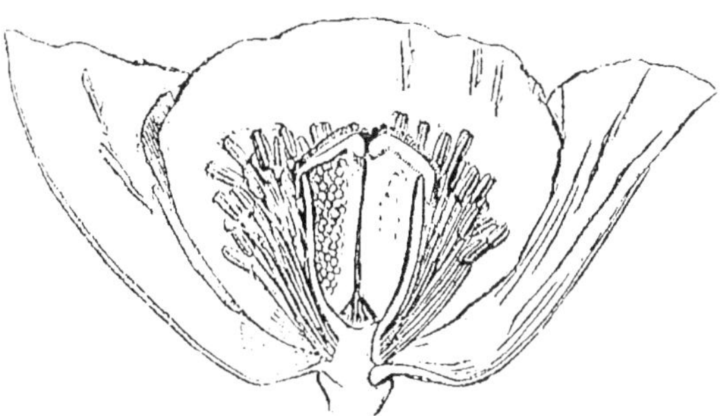

Fig. 95. — Fleur de Coquelicot (coupée en long).

Famille III. — LES PAPAVÉRACÉES.

Type : le Coquelicot. — Le *Coquelicot* appartient au genre Pavot, dont le nom latin, *Papaver*, a servi à former le nom de la famille.

Une fleur épanouie de Coquelicot (fig. 95) ne présente pas de *calice*, mais si l'on regarde un bouton de fleur, on voit qu'il est entouré de 2 sépales verts, étroitement serrés, enveloppant les autres organes plus internes, pétales, étamines et pistil. Lors de l'épanouissement de la fleur, les 2 sépales s'écartent, se détachent et tombent. C'est ce que l'on exprime en disant qu'ils sont *caducs*.

La corolle comprend 4 pétales colorés en rouge, chiffonnés dans le bouton.

Les étamines sont très nombreuses (fig. 95), à anthères introrses, colorées en noir lorsqu'elles sont mûres.

Le pistil est formé par un certain nombre de carpelles soudés en une pièce unique : l'ovaire a la forme d'une urne surmontée par un plateau conique, faisant couvercle, constitué par la réunion des styles et des stigmates. L'ovaire est creusé à l'intérieur de plusieurs loges incomplètes, communiquant entre elles au centre, car elles sont séparées les unes des autres par des cloisons qui ne vont pas jusqu'à l'axe. Ces cloisons portent de très nombreux petits ovules (fig. 95).

Le fruit est une capsule, dont la forme générale rappelle celle du pistil, avec des dimensions plus grandes ; sa forme est celle d'une urne (fig. 96), dont l'intérieur est incom-

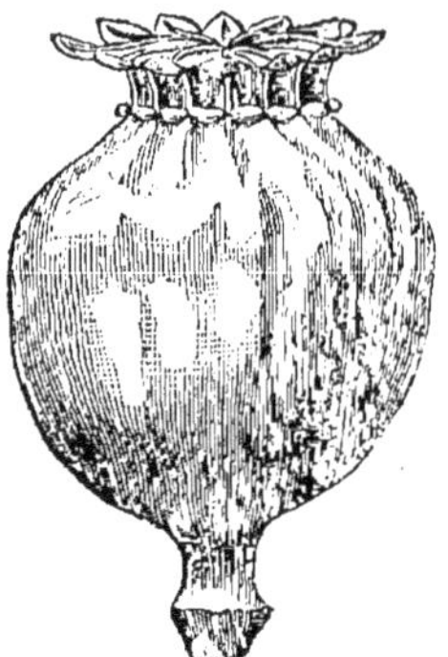

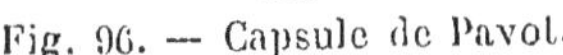

Fig. 96. — Capsule de Pavot.

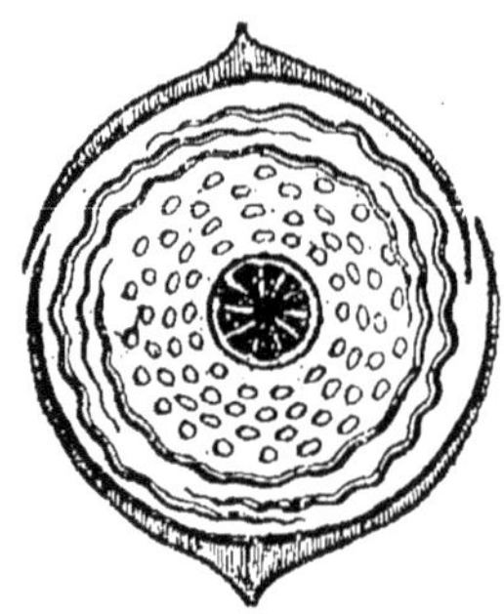

Fig. 97. — Diagramme de Papavéracée.

plètement divisé en compartiments renfermant beaucoup de graines. Sous le plateau qui sert de couvercle, dans chaque logette, entre les cloisons, se perce un petit orifice (fig. 96). C'est par ces trous que sont disséminées les graines, lorsque le vent agite la capsule.

Formule florale du Coquelicot. — La formule florale représentative du Coquelicot est :

$$\boxed{2S} + 4P + \infty E + (n)C$$

Le carré qui enveloppe 2S montre que les sépales sont caducs ; (n) C indique un pistil formé d'un nombre indéterminé de carpelles soudés entre eux.

Diagramme du Coquelicot. — Le diagramme d'une fleur de Coquelicot est représenté par la figure 97.

Caractères des Papavéracées. — La famille des Papavéracées est assez homogène ; la plupart des plantes qui la composent présentent sensiblement les mêmes caractères que ceux des Coquelicots.

Deux sépales caducs, 4 pétales, nombreuses étamines introrses.

Principaux genres de Papavéracées. — Pavot, Chélidoine.

Chez les *Pavots* (fig. 98), l'ovaire et le fruit sont faits comme comme ceux du Coquelicot.

La *Chélidoine* (fig. 99), plante à fleurs jaunes, abondante dans les lieux arides, les décombres, etc., a un fruit un peu diffé-

Fig. 98. — Pavot blanc.

Fig. 99. — Chélidoine.

rent : c'est une *silique* comparable à celle des Crucifères. La corolle, formée de quatre pétales à limbes étalés en croix, augmente encore la ressemblance avec les plantes de cette famille, mais l'androcée, composé de nombreuses étamines et non de six étamines tétradynames, doit faire ranger la Chélidoine parmi les Papavéracées et non parmi les Crucifères.

Propriétés et usages des Papavéracées. — Les Papavéracées jouissent plus ou moins de propriétés narcotiques, en particulier *le Pavot somnifère* (fig. 98) qui sert à préparer l'opium.

Les graines du Pavot sont oléagineuses.

Par incision des capsules mûres du Pavot somnifère, on recueille un suc qui en s'épaississant produit l'opium. L'*opium* est un narcotique puissant, très employé en médecine, il sert en particulier à la préparation du *laudanum*. Les principes actifs de l'opium sont des substances désignées en chimie sous le nom d'*alcaloïdes* et dont les principales sont la *morphine*, la *codéine*, etc. Les Chinois et plusieurs peuples orientaux fument l'opium pour se procurer une ivresse agréable et un sommeil prolongé.

Les graines du *Pavot blanc* (fig. 98), variété du Pavot somnifère, sont riches en huile : c'est avec elles qu'on fabrique l'*huile d'œillette*, très employée comme huile alimentaire.

Lorsqu'on brise la tige d'une *Chélidoine* (appelée aussi *grande Éclaire*) (fig. 99), il s'en écoule un suc jaune laiteux, dont on se sert parfois dans les campagne pour brûler les verrues.

Plusieurs Papavéracées sont plantées comme ornementales dans les jardins (Coquelicots, Pavots doubles, etc.).

Famille IV. — LES LÉGUMINEUSES.

La famille des Légumineuses est très vaste et se divise en trois grandes tribus : les *Papilionacées*, les *Cassiées*, et les *Mimosées*.

Toutes les Légumineuses indigènes appartiennent au groupe des Papilionacées, que nous étudierons seul en détail.

Tribu I. — LES PAPILIONACÉES.

Type : le Pois. — Il est facile de se procurer la fleur d'un Pois dans tous les jardins, ou bien encore la fleur du Genêt à balai (fig. 100), qui est si commun dans les bois sablonneux et qui fleurit dès le mois d'avril.

Une fleur de Papilionacée (fig. 101) se distingue à première vue par son irrégularité; elle présente la symétrie bilatérale, c'est-à-dire qu'un plan vertical la sépare en deux moitiés semblables et qu'on y peut distinguer une droite et une gauche.

Le calice est gamosépale, à 5 dents, légèrement irrégulier en ce sens que la dent inférieure est plus grande que les autres.

La corolle comprend 5 pétales libres entre eux et inégaux. Celui qui occupe la partie supérieure de la fleur est plus grand que les autres et porte le nom d'*étendard* (fig. 102). A droite et à gauche, sont les deux *ailes* (fig. 103) qui recouvrent 2 pétales plus petits, soudés inférieurement sur la ligne médiane pour former une pièce qu'on a appelée *carène* (fig. 104) par comparaison avec la quille d'un bateau.

On a comparé parfois la forme de cette corolle à un papillon aux ailes étendues, d'où le nom de corolle *papilionacée* qu'on lui donne.

L'androcée se compose de 10 étamines; chez le Pois et la plupart des Papilionacées, 9 de ces 10 étamines sont

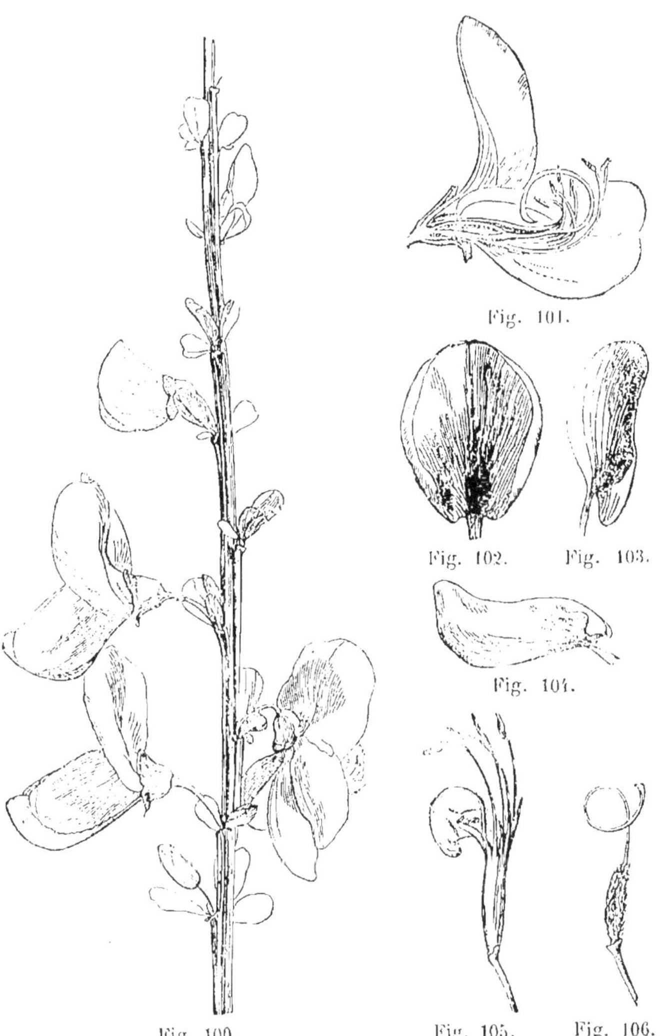

Fig. 100. — Genêt à balai. — Fig. 101. — Genêt à balai (fleur coupée. — Fig. 102. — Étendard. — Fig. 103. — Aile. — Fig. 104. — Carène. — Fig. 105. — Androcée. — Fig. 106. — Pistil.

soudées par leurs filets en un tube cylindrique, fendu à la

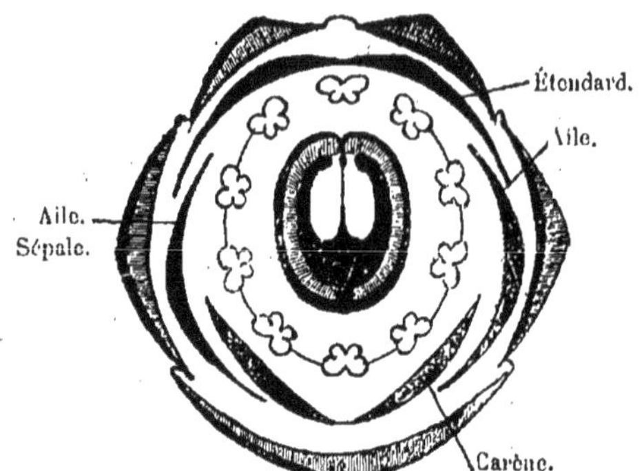

Fig. 107. — Diagramme d'une Papilionacée (Pois).

partie supérieure dans le sens longitudinal. La dixième est libre sur toute sa longueur.

Les étamines forment alors deux groupes : un de neuf, l'autre d'une ; on dit, dans ce cas, qu'elles sont *diadelphes*.

Chez le Genêt (fig. 105) et quelques autres Papilionacées, la dixième étamine est soudée aux neuf autres et le tube formé par la soudure de ces filets est complet et non fendu. On dit alors que les étamines sont *monadelphes*.

Le pistil (fig. 106) est formé d'un seul carpelle comprenant un ovaire à une seule loge avec plusieurs ovules attachés sur deux rangs. Cet ovaire est situé à l'intérieur du tube formé par les 9 filets des étamines soudés entre eux : il se prolonge par un style coudé, terminé par un stigmate.

A maturité, ce carpelle se transforme en une *gousse* ou *légume*, fruit sec s'ouvrant par deux valves portant chacune un rang de graines (fig. 72, p. 57). Celles-ci n'ont pas d'albumen.

En botanique, le mot *légume* est synonyme de *gousse* et n'a donc pas la même acception que dans le langage vulgaire. Au point de vue où nous nous plaçons, la Carotte, la Pomme de terre, les Salsifis, les Choux, etc., ne sont pas des légumes, tandis que les fruits des Pois, des Haricots, etc., méritent ce nom.

Les feuilles du Pois sont composées pennées ; les folioles supérieures sont remplacées par des vrilles qui, en s'enroulant autour de supports, permettent à la plante de grimper. A la base du pétiole se trouve une paire de stipules bien développées.

Fig. 108. — Pois cultivé.

Formule florale du Pois. — La formule florale du Pois est :

(5)S + 5P + (9)E + 1E + 1C

Celle du Genêt à balais :

(5)S + 5P + (10)E + 1C

Diagramme du Pois. — La figure 107 représente le diagramme d'une fleur de Pois. On y remarque la soudure des sépales et celle de 9 des étamines par leurs filets, la 10e étant libre sur toute sa longueur.

Caractères des Légumineuses Papilionacées. — Les plantes qui, dans la famille des Légumineuses, forment la tribu des Papilionacées, présentent des caractères communs très nets.

Leurs fleurs sont irrégulières. La corolle est *papilionacée*, c'est-à-dire formée de 5 pétales inégaux : un étendard, deux ailes, une carène.

Les étamines sont toujours au nombre de 10, dont 9 au moins soudées entre elles. La 10ᵉ est souvent libre.

Le pistil n'est formé que d'un carpelle. Le fruit est une gousse ou légume.

Les feuilles sont toujours composées et pourvues de stipules.

Classification des Papilionacées. — On peut distinguer trois grands groupes dans la tribu des Papilionacées :

1° Les feuilles sont composées pennées comme chez le Pois et le nombre des folioles est pair. Celles qui garnissent l'extrémité du pétiole sont transformées en vrilles ou filets. Ex. : Pois (fig. 108), Lentille, Fève, Vesce, Gesse (fig. 38, p. 43), etc.

Au genre Gesse appartient une espèce, la *Gesse aphaca*, remarquable parce que toutes ses folioles sont transformées en vrilles et que seules les stipules, très développées, jouent un rôle pour l'assimilation chlorophyllienne.

2° Les feuilles sont composées pennées avec un nombre impair de folioles (fig. 109). Aucune de celles-ci n'est transformée en vrille. Ex. : Haricot, Fève, Trèfle, Luzerne, Ajonc, Genêt, Robinier ou faux Acacia, etc.

Le *Robinier* est le grand arbre originaire d'Amérique planté dans nos jardins et avenues sous le nom d'*Acacia*. Ce n'est qu'un qu'un faux Acacia, car l'Acacia véritable est un arbre différent, appartenant à la tribu des Mimosées. Les épines du Robinier sont constituées par les stipules transformées en piquants (fig. 36, p. 33).

3° Dans les deux groupes précédents, le fruit est une véritable gousse, s'ouvrant par deux valves. Dans un troisième, le carpelle unique reste encore sec mais le fruit ne s'ouvre pas par deux valves : à maturité il se sépare en articles indéhiscents, renfermant chacun une graine. Ex. : Sainfoin, Coronille.

Propriétés et usages des Papilionacées. — Les Papilionacées renferment un très grand nombre de plantes des plus utiles à l'homme. On peut les répartir à ce point de vue en quatre grands groupes.

1° **Les Papilionacées alimentaires**, dont les fruits ou les

Fig. 109. — Fève.

Fig. 110. — Fruit de Luzerne.

graines servent à l'alimentation de l'homme. Ex. : Pois (fig. 108), Haricot, Lentille, Fève (fig. 109).

2° **Les Papilionacées fourragères**, dont les graines ou les feuilles servent à nourrir les animaux domestiques. Ex. : Lupin, Vesce, Gesse (fig. 38), Trèfle, Luzerne (fig. 110), Sainfoin, etc.

3° **Les Papilionacées ornementales**, arbres ou arbustes cultivés dans les parcs et les jardins pour la beauté de leur port ou l'élégance de leurs fleurs. Ex. : Glycine, Pois de Senteur, Cytise, Robinier ou faux Acacia, Sophora du Japon, etc.

4° **Les Papilionacées médicinales**, employées en médecine. Ex. : Réglisse, Baumier de Tolu, Fève du Calabar.

La *Réglisse* est une herbe de 1 mètre de haut environ, vivant dans la région méditerranéenne. Les racines produisent le *suc* ou *jus de réglisse*, utilement employé contre le rhume.

Le *baume de Tolu* s'écoule par incision du tronc d'un arbre du Pérou : c'est un remède estimé comme calmant de la toux.

La *Fève de Calabar* est la graine d'une Papilionacée d'Afrique, voisine du Haricot, et contenant un poison violent, l'*ésérine*, qu'on emploie parfois en médecine pour contracter la pupille.

5° **Les Papilionacées industrielles** sont exploitées industriellement pour produire diverses substances utiles à l'homme. Ex. : Indigotier, Arachide, etc.

Les *Indigotiers* sont des plantes de l'Inde, d'Afrique ou des deux Amériques; des feuilles on extrait l'*indigo*, matière colorante, très importante en teinture.

L'*Arachide* ou *Pistache de terre*, d'Afrique, a des fruits souterrains indéhiscents. On retire de ses graines une huile alimentaire et surtout employée dans l'industrie des savons.

Tribu II. — LES CASSIÉES.

Les *Cassiées* sont des Légumineuses toutes exotiques, à fleurs irrégulières mais construites sur un type un peu différent de celui des Papilionacées.

A ce groupe appartiennent l'arbre qui fournit le bois de *campêche*, utilisé en teinture, l'*arbre de Judée*, ornement de nos jardins, et les *Casses*, plantes des pays tropicaux, employées en médecine pour les propriétés purgatives de leurs fruits et de leurs feuilles : les fruits donnent la *casse* et les feuilles le *séné* des pharmaciens.

Tribu III. — LES MIMOSÉES.

Les *Mimosées* sont des Légumineuses à fleurs régulières.

A ce groupe appartiennent les nombreux *Acacias*, dont une espèce africaine fournit la *Gomme arabique*, et les *Mimosa*.

La *Sensitive* est une espèce du genre *Mimosa*. Elle est curieuse par les mouvements qu'accomplissent ses feuilles, dont les folioles se replient les unes contre les autres lorsqu'on vient à les toucher.

Fig. 111. — Mimosas des fleuristes.

Les plantes vendues dans le commerce des fleuristes sous le nom de *Mimosas* (fig. 111) sont des plantes de cette tribu. On les cultive en grand dans le midi de la France.

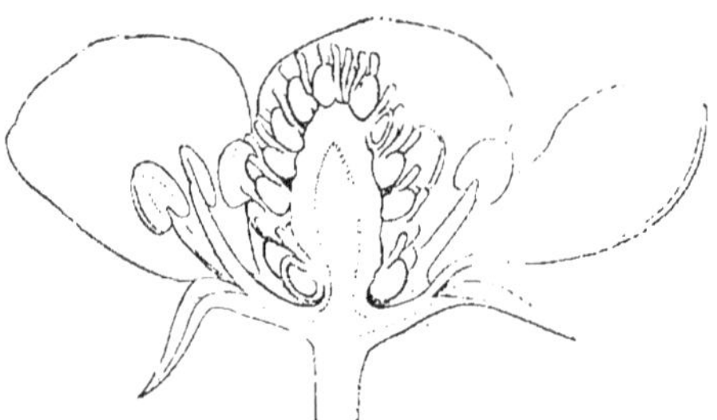

Fig. 112. — Fleur de Fraisier (coupée en long).

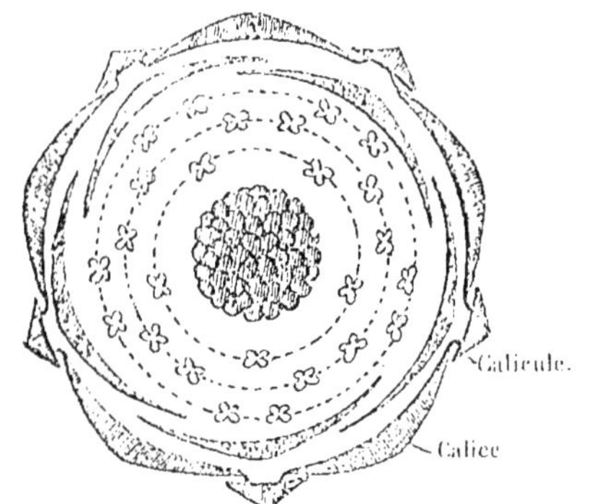

Fig. 113. — Diagramme d'une fleur de Fraisier.

ONZIÈME LEÇON

Famille V. — LES ROSACÉES.

1er Type : le Fraisier. — Une fleur de Fraisier (fig. 112) est régulière et complète. Les pièces florales sont attachées sur un réceptacle en forme de coupe évasée, présentant en son centre un renflement conique.

Les sépales, libres entre eux, sont au nombre de cinq, attachés sur les bords du réceptacle. Au-dessous d'eux et à l'extérieur, se trouve une rangée de petits sépales formant comme un calice supplémentaire, auquel on donne le nom de *calicule*.

Les cinq pétales de la corolle alternent régulièrement avec les sépales.

Les étamines, très nombreuses, sont introrses; de plus

Fig. 114. — Fraise.

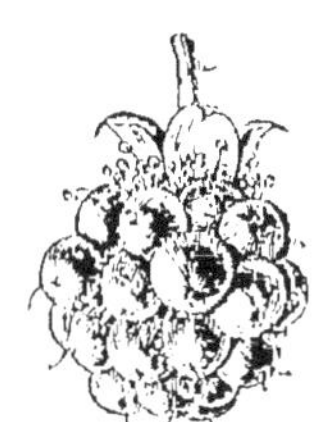

Fig. 115. — Fruit de Ronce.

elles se soudent par la base du filet avec les sépales du calice (fig. 112), si bien que, lorsqu'on veut arracher un de ceux-ci, on enlève en même temps à la fleur un paquet d'étamines.

Comme les pétales alternent régulièrement avec les sépales, les filets des étamines passant entre les pétales peuvent atteindre les pièces du calice et se souder avec elles.

Le pistil est formé d'un grand nombre de petits carpelles indépendants, dont l'ovaire ne renferme qu'un seul ovule, disposés sur le renflement bombé central du réceptacle (fig. 112).

A maturité, chacun de ces carpelles se transforme en un akène, tandis que le réceptacle grossit et devient charnu.

Une *fraise* (fig. 114) n'est donc pas, au sens propre du mot, un fruit charnu. La partie charnue et comestible est due à la transformation du réceptacle et non du pistil. Le fruit véritable, au sens botanique du mot, est un fruit sec, puisque le pistil, formé de carpelles libres entre eux, a donné naissance à un groupe d'akènes, qui sont les petits grains jaunes qu'on aperçoit à la surface de la fraise. A première vue, on serait tenté de prendre la fraise pour un fruit charnu portant ses graines à l'extérieur ; ce serait là une grave erreur. Ce que l'on pourrait prendre pour des graines, ce sont les fruits, et la partie charnue est une partie supplémentaire, formée non par le pistil, mais par le réceptacle.

Formule florale du Fraisier. — La formule florale d'une fleur de Fraisier peut s'écrire :

$$(5) S + 5 P + \infty E + \infty C.$$

Diagramme du Fraisier. — Le diagramme représenté par la figure 113 montre la disposition des pièces du calicule venant se disposer autour du calice à sa base.

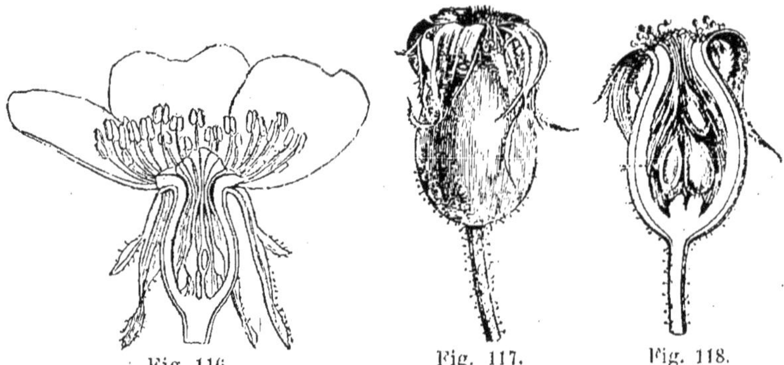

Fig. 116. — Fleur d'Églantier (coupée en long). — Fig. 117. — Fruit d'Églantier. — Fig. 118. — Fruit d'Églantier (coupé en long).

2° Type : la Ronce. — Si nous comparons une fleur de Ronce à une fleur de Fraisier, nous trouvons que toutes deux se ressemblent beaucoup au point de vue du nombre et de la disposition des organes. Le réceptacle est fait de même sensiblement et porte cinq sépales, cinq pétales, de nombreuses étamines soudées avec les sépales, de nombreux carpelles indépendants et à un seul ovule, attachés sur la partie convexe centrale du réceptacle.

La Ronce diffère surtout du Fraisier par le fruit (fig. 115) : ici les carpelles deviennent charnus et se transforment en autant de petites baies, tandis que le réceptacle ne grossit que très peu et reste sec.

Une *mûre des haies*, fruit de la Ronce, ou une *framboise*, fruit du Framboisier, qui appartient au même genre, se compose donc de petites baies groupées en une tête globuleuse autour du réceptacle. Celui-ci n'est autre que la partie centrale blanchâtre, qui reste adhérente au calice et à la queue, lorsqu'on épluche la mûre ou la framboise. On peut donc dire que le fruit de la Ronce est l'inverse de celui du Fraisier, bien que tous deux proviennent de deux pistils identiques : dans celui-ci les carpelles restent secs (akènes) et le réceptacle devient charnu ; dans celui-là les fruits sont charnus (baies) et le réceptacle est sec.

3° Type : l'Églantier. — Une Églantine, ou Rose sauvage, ressemble beaucoup à une fleur de Fraisier par son calice, sa corolle et son androcée. Ici encore il y a cinq sépa-

Fig. 119. — Fleurs de Cerisier.

Fig. 120. — Fleur de Cerisier (coupe).

les, cinq pétales, un nombre indéfini d'étamines soudées au calice par leurs filets (fig. 116).

Le pistil est également formé de nombreux carpelles indépendants, à un seul ovule, mais c'est la forme du réceptacle qui diffère. Celui-ci est creusé en forme de bouteille (fig. 116) autour de l'ouverture de laquelle sont attachés le calice, la corolle et l'androcée. Les carpelles sont disposés sur les parois de cette bouteille.

En réalité, une fleur d'Églantine ne diffère donc d'une fleur de Fraisier que parce que la partie centrale du réceptacle, sur laquelle s'attachent les carpelles, fait saillie en forme de massue conique chez la seconde, tandis qu'elle rentre à l'intérieur, affectant la forme d'une coupe profonde, chez la première.

Chez l'Églantine, comme chez le Fraisier, les carpelles restent secs et se transforment à maturité en akènes tandis que le réceptacle devient charnu (fig. 117).

Le fruit du Rosier sauvage a donc la forme d'une petite bouteille charnue, à l'intérieur de laquelle sont de nombreux petits akènes (fig. 118). Pas plus que la fraise, ce que l'on nomme vulgairement le *fruit de l'Églantier* n'est donc un fruit au sens botanique du mot. Ce sont deux formations comparables, provenant toutes deux du réceptacle de la fleur devenu charnu; la seule différence est que les akènes sont extérieurs sur la fraise, intérieurs dans le fruit d'Églantier. Cette différence s'explique tout naturellement quand on se reporte à la structure des deux fleurs.

4e Type : le Cerisier. — Une fleur de Cerisier (fig. 119) présente encore le même calice, la même corolle et le même androcée que les fleurs précédentes. Ici c'est le pistil

Fig. 121. — Fleurs de Poirier.

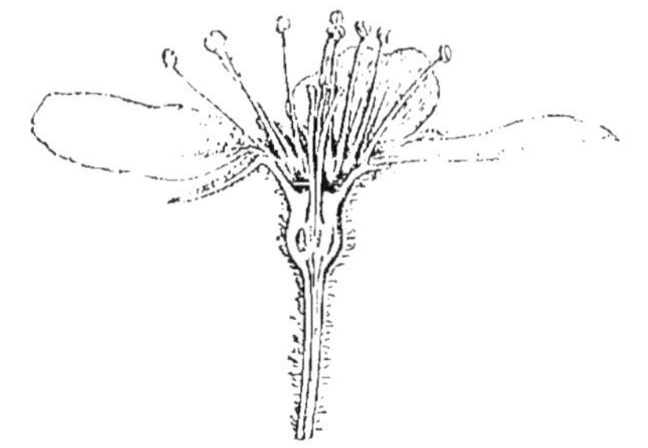

Fig. 122. — Fleur de Poirier (coupe longitudinale).

qui diffère. Il se compose d'un seul carpelle attaché au centre du réceptacle, qui affecte la forme d'une coupe évasée (fig. 120). L'ovaire de ce carpelle ne contient qu'un seul ovule.

A maturité, ce carpelle unique se transforme en une *drupe*, c'est-à-dire un fruit charnu à noyau (fig. 74, p. 58).

La paroi de l'ovaire donne non seulement la partie charnue, mais encore l'enveloppe ligneuse du noyau qui appartient au péricarpe (Voy. p. 59). L'ovule donne la graine, représentée par l'*amande* contenue à l'intérieur du noyau.

5° Type : le Pommier. — Chez la fleur du Pommier ou du Poirier (fig. 121), le calice, la corolle et l'androcée sont encore disposés de la même façon que dans les quatre types précédemment étudiés, mais le pistil est bien différent. Il est formé de cinq carpelles soudés entre eux, de façon à

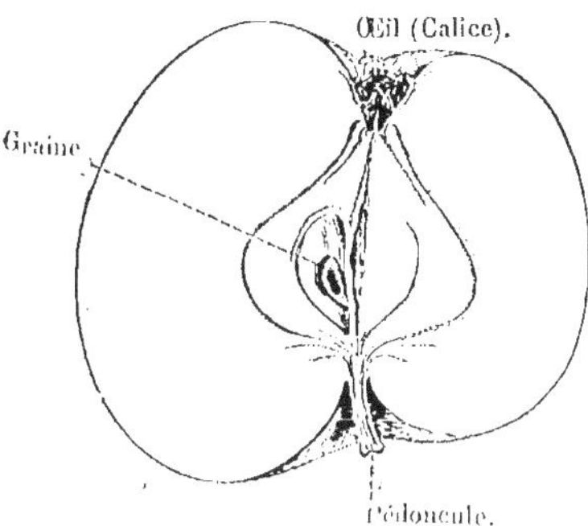

Fig. 123. — Pomme (coupe longitudinale).

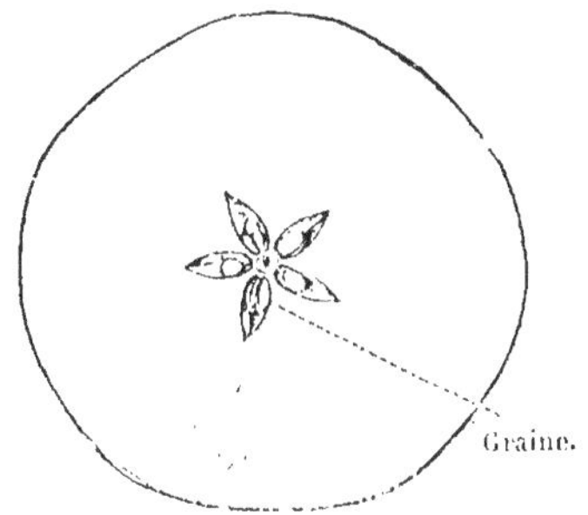

Fig. 124. — Pomme (coupe transversale).

donner un ovaire à cinq loges renfermant chacune deux ovules. D'autre part, tandis que dans les fleurs précédentes le pistil est toujours libre, là l'ovaire est *adhérent* (Voy. p. 51), si bien qu'il semble situé sous la fleur, le calice, la corolle et les étamines s'attachant à son sommet au point où se séparent les styles en nombre égal à celui des carpelles (fig. 122).

A maturité, les parois de l'ovaire (parois auxquelles se sont soudées extérieurement les sépales, les pétales et les étamines par leur base, ainsi que nous l'avons expliqué p. 51) deviennent charnues. La *pomme* est donc un fruit charnu, creusé de cinq cavités, qui sont celles des cinq carpelles primitifs, renfermant chacune deux graines ou *pepins*, provenant de la transformation des ovules (fig. 123 et 124).

On voit que les pepins d'une pomme ne sont pas comparables au noyau d'une cerise : les pepins sont des graines, tandis que, dans le noyau, la paroi ligneuse appartient au péricarpe du fruit.

Dans la pomme, les parois de l'ovaire deviennent charnus tout entiers ; on ne peut, cependant, donner le nom de *baie* à ce fruit, car la partie interne, celle qui limite extérieurement les loges, prend la consistance du parchemin.

Caractères des Rosacées. — Les caractères généraux de la famille de Rosacées sont tirés du calice, de la corolle et de l'androcée :

La fleur est régulière. Le calice se compose de cinq sépales et la corolle de cinq pétales. Les étamines sont en nom-

Fig. 125. — Potentille ou faux Fraisier.

bre indéfini, introrses et soudées par la base aux pièces du calice.

Les feuilles sont le plus souvent munies de stipules, et assez souvent composées.

Classification des Rosacées. — La forme du réceptacle et la disposition des carpelles permettent de distinguer dans la famille des Rosacées un certain nombre de tribus dont les cinq plus importantes correspondent aux cinq types que nous avons étudiés : 1° *Fraisiers ;* 2° *Ronces ;* 3° *Rosiers ;* 4° *Cerisiers ;* 5° *Pommiers.*

1° Tribu des Fraisiers. — Le fruit est formé de plusieurs

Fig. 126. — Rose des peintres. Fig. 127. — Rose mousseuse.

akènes, groupés sur un réceptacle conique saillant. Ex. : Fraisier, Potentille, Benoîte, etc.

Les *Potentilles* ou *faux Fraisiers* (fig. 125) sont très communes dans les bois et sur le bord des chemins. Leur fleur ressemble beaucoup à celle des Fraisiers, mais le réceptable reste sec et ne devient pas charnu.

2° **Tribu des Ronces.** — Fruit composé de plusieurs baies, groupées en une tête globuleuse sur un réceptacle conique. Ex. : Ronces.

Le *Framboisier*, cultivé dans les jardins, est une espèce du genre Ronce.

3° **Tribu des Rosiers.** — Fruits composés de nombreux akènes, disposés à l'intérieur du réceptacle charnu.

Le *Rosier sauvage* ou *Églantier* a une fleur normale à cinq pétales. Les Rosiers cultivés ont des fleurs profondément modifiées où le nombre des pétales a été considérablement augmenté par suite de la métamorphose d'étamines en pétales. Les Rosiers forment un nombre très considérable d'espèces, de races et de variétés (fig. 126 et 127).

Fig. 128. — Prunier.

4° **Tribu des Cerisiers.** — Fruit charnu à noyau (drupe), Ex. : Cerisier, Prunier, Pêcher, Abricotier, Amandier.

Le *Cerisier* et le *Prunier* (fig. 128) ont un fruit lisse, à peau non veloutée.

La peau de la drupe est veloutée, au contraire, chez l'*Abricotier* et le *Pêcher*, qui se distinguent, le premier par son noyau lisse et le second par son noyau rugueux.

Dans le fruit de l'*Amandier*, la partie charnue du péricarpe n'est pas comestible, et ce que l'on mange, c'est la graine ou *amande* incluse dans le noyau.

5° **Tribu des Pommiers.** — Rosacées à ovaire infère et adhérent.

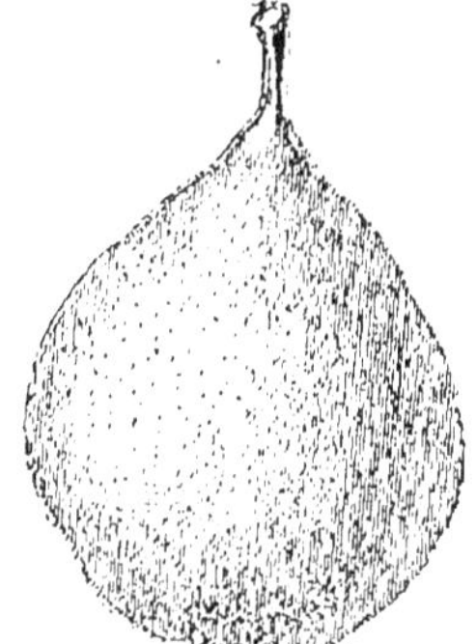

Fig. 129. — Beurré gris.

Fig. 130. — Beurré d'Amanlis.

Fig. 131. — Doyenné d'hiver.

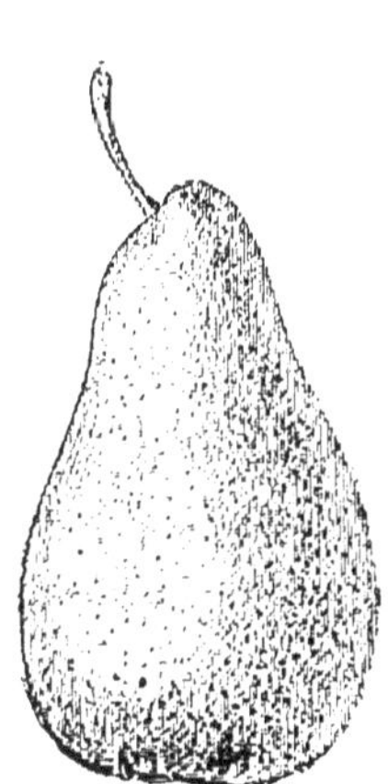

Fig. 132. — Louise-Bonne d'Avranches.

Fig. 133. — Bon-Chrétien d'hiver.

Fig. 134. — Pomme de Châtaignier.

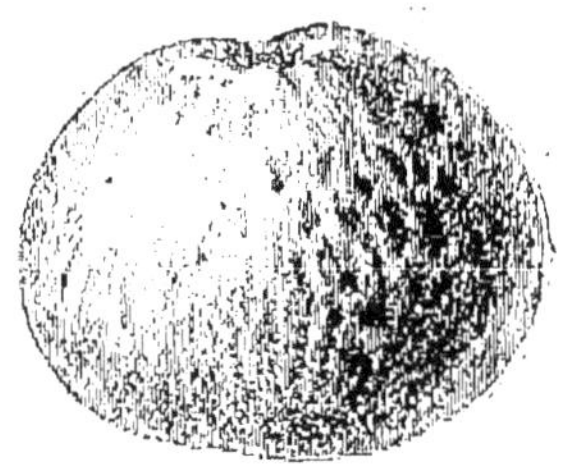

Fig. 135. — Pomme de Rambour.

Fig. 136. — Pomme de Court pendu.

Fig. 137. — Pomme d'Api.

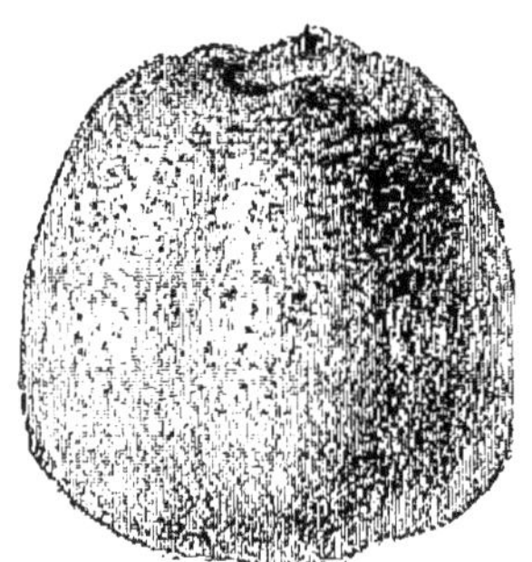

Fig. 138. — Rainette du Canada.

Fig. 139. — Pomme Calville.

On peut distiguer deux groupes, dans cette tribu, dont on fait parfois une famille distincte sous le nom de *Pomacées*.

1° Chez plusieurs genres, le fruit est charnu, avec les parois des loges simplement parcheminées. Ex. : Pommier, Poirier, Sorbier, Cognassier.

2° Chez d'autres, l'endocarpe n'est pas seulement parcheminé, mais devient complètement ligneux, si bien que le fruit est une drupe à plusieurs noyaux (autant que de carpelles ou pistils). Ex. : Néflier, Aubépine.

Propriétés et usages des Rosacées. — La famille des Rosacées comprend tous les arbres fruitiers de nos vergers, et avec eux le Fraisier et le Framboisier. A l'exception des Raisins, des Groseilles et du Cassis, tous les fruits de France sont fournis par des plantes appartenant à cette famille.

Les poires et les pommes sont d'excellents fruits de table et, d'autre part, servent à fabriquer le cidre, boisson alcoolique très employée dans les départements de l'ouest de la France.

Il existe un très grand nombre de variétés de poires et de pommes. Parmi les plus intéressantes nous citerons :

Pour les poires : le Beurré gris (fig. 129), le Beurré d'Amanlis (fig. 130), le Doyenné d'hiver (fig. 131), la Louise-Bonne d'Avranches (fig. 132), le Bon-Chrétien (fig. 133), etc.

Pour les pommes : la pomme de Châtaignier (fig. 134), la pomme de Rambour (fig. 135), la pomme de Court pendu (fig. 136), la pomme d'Api (fig. 137), la Rainette du Canada (fig. 138), la Calville (fig. 139), etc.

On y trouve aussi de nombreuses plantes ornementales, parmi lesquelles la Rose tient le premier rang, tant par sa beauté que par sa délicieuse odeur.

La *Reine des prés* est une charmante plante d'ornement, appartenant à la famille des Rosacées. La forme de son pistil, un peu différente, l'a fait ranger dans une tribu autre que celles que nous avons décrites.

Les fleurs du *Coussotier*, petit arbre d'Abyssinie, sont employées comme remède contre le Ténia ou Ver solitaire.

Famille VI. — LES OMBELLIFÈRES.

Type : la Carotte. — Les fleurs de Carotte (fig. 140) sont groupées en ombelles composées (Voy. p. 42). C'est ce port qui se trouve chez toutes les plantes de la famille qui a fait donner leur nom aux Ombellifères.

Les fleurs de la Carotte sont très petites et doivent être examinées à la loupe. On y reconnaît alors (fig. 141) : un calice à cinq dents, très réduit ; une corolle à cinq pétales ; cinq étamines alternant avec les pétales. Au centre de la fleur, deux styles indiquent que le pistil est composé de deux carpelles. Ceux-ci sont soudés en un ovaire infère et adhérent, c'est-à-dire situé sous la fleur par suite de la soudure à la base des autres pièces florales (Voy. p. 51). Cet ovaire est à deux loges contenant chacune un ovule (fig. 141).

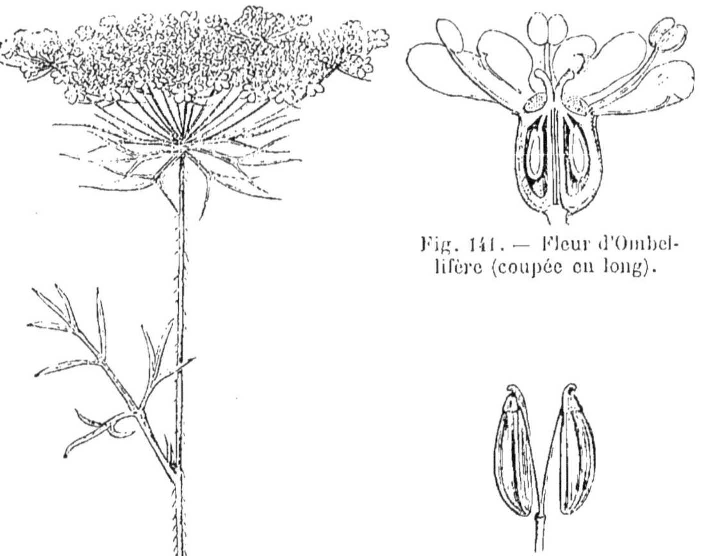

Fig. 141. — Fleur d'Ombellifère (coupée en long).

Fig. 140. — Ombelle de Carotte.

Fig. 142. — Fruit d'Ombellifère.

Le fruit est sec et renferme deux graines : à maturité, il se sépare en deux parties indéhiscentes, contenant chacune une graine. Le fruit se compose donc de deux akènes et a reçu pour cette raison le nom de *diakène* (fig. 142).

Les feuilles sont très découpées, alternes et engainantes à la base. La racine est pivotante et tubereuleuse.

Formule florale de la Carotte. — La formule florale de la Carotte est :

$$5S + 5P + 5E + \overline{(2)C}$$

Le trait placé au-dessus du symbole du pistil indique que celui-ci est adhérent.

Diagramme de la Carotte. — Le diagramme est représenté par la figure 143.

Caractères des Ombellifères. — Les caractères étudiés chez la Carotte se retrouvent chez toutes les Ombellifères, qui forment une famille très homogène.

Fleurs régulières, petites, disposées en ombelles composées. Cinq pétales ; cinq étamines. Ovaire infère. Feuilles engainantes, généralement très découpées.

Propriétés et usages des Ombellifères. — Les propriétés des Ombellifères sont variables : les unes sont alimentaires, les autres au contraire extrêmement vénéneuses.

Parmi les Ombellifères alimentaires, citons la Carotte, le Panais, le Céleri, le Fenouil, le Persil, etc.

On mange la racine tuberculeuse de la Carotte et du Panais, les feuilles du Céleri et du Fenouil. Les feuilles du Persil et du Cerfeuil servent d'assaisonnement. Les tiges confites de l'Angélique servent en confiserie.

Les feuilles de Ciguë renferment un poison violent : on en connaît plusieurs espèces.

Quand on cueille du Persil ou du Cerfeuil, ne pas les confondre avec les Ciguës, qui leur ressemblent beaucoup : la méprise serait cause d'accidents mortels.

Fig. 143. — Diagramme de fleur d'Ombellifère.

Les fruits de l'Anis et de quelques autres Ombellifères (Coriandre, Fenouil, etc.) contiennent une essence très aromatique, servant à la fabrication de certaines liqueurs.

Principales familles de l'ordre des DIALYPÉTALES.

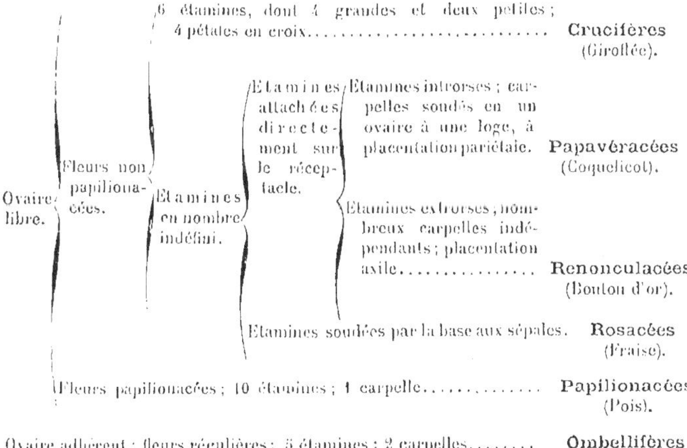

- Ovaire libre.
  - Fleurs non papilionacées.
    - 6 étamines, dont 4 grandes et deux petites ; 4 pétales en croix .... **Crucifères** (Giroflée).
    - Étamines en nombre indéfini.
      - Étamines attachées directement sur le réceptacle.
        - Étamines introrses ; carpelles soudés en un ovaire à une loge, à placentation pariétale. **Papavéracées** (Coquelicot).
        - Étamines extrorses ; nombreux carpelles indépendants ; placentation axile .... **Renonculacées** (Bouton d'or).
      - Étamines soudées par la base aux sépales. **Rosacées** (Fraise).
  - Fleurs papilionacées ; 10 étamines ; 1 carpelle .... **Papilionacées** (Pois).
- Ovaire adhérent ; fleurs régulières ; 5 étamines ; 2 carpelles .... **Ombellifères** (Carotte).

DOUZIÈME LEÇON

Ordre II. — LES GAMOPÉTALES.

Caractères. — Les Gamopétales ont la corolle d'une seule pièce, formée par plusieurs pétales soudés entre eux. Le nombre des dents ou lobes qu'on observe sur le bord de la corolle indique le nombre des pétales qui prennent part à sa constitution.

Classification. — Nous étudierons les 7 familles principales de l'ordre des Gamopétales : les *Composées*, les *Rubiacées*, les *Primulacées*, les *Solanées*, les *Scrofularinées*, les *Borraginées* et les *Labiées*.

Famille I. — LES COMPOSÉES

1er type : le Bluet. — Ce que l'on appelle vulgairement une *fleur de Bluet* n'est pas une fleur, mais une inflorescence, c'est-à-dire un groupe de fleurs : c'est un *capitule* (page 42), formé par plusieurs petites fleurs ou *fleurons*, disposées sur un large réceptacle. Autour du capitule, est un involucre de bractées. On appelle quelquefois ce capitule une *fleur composée*.

Pour examiner un de ces fleurons, prenons-en un au centre du capitule du Bluet ; un fleuron du pourtour est, en effet, stérile et se réduit au calice et à la corolle, sans étamines ni pistil (fig. 144).

Un fleuron du centre (fig. 145) se compose : d'un calice réduit à une couronne de poils disposée à la base de la corolle, au-dessus de l'ovaire infère et adhérent ; d'une corolle en forme de tube à 5 dents et formée, par conséquent, de 5 pétales soudés entre eux ; cette corolle porte le nom de *corolle tubulée*. L'androcée comprend 5 étamines attachées par leurs filets au tube de la corolle, en alternance avec les lobes de celles-ci, c'est-à-dire avec les pétales. Les cinq anthères se rapprochent les unes des autres et se soudent, de façon à former une sorte de tube au milieu duquel passe le style (fig. 145).

Le pistil se compose d'un ovaire à une seule loge, contenant un ovule ; cet ovaire est adhérent, c'est-à-dire situé sous la fleur ; il est surmonté d'un long style, qui passe entre les anthères soudées au tube et se termine par 2 stigmates.

Fig. 144. — Bluet, fleur stérile. Fig. 145. — Bluet, fleur centrale (coupe).

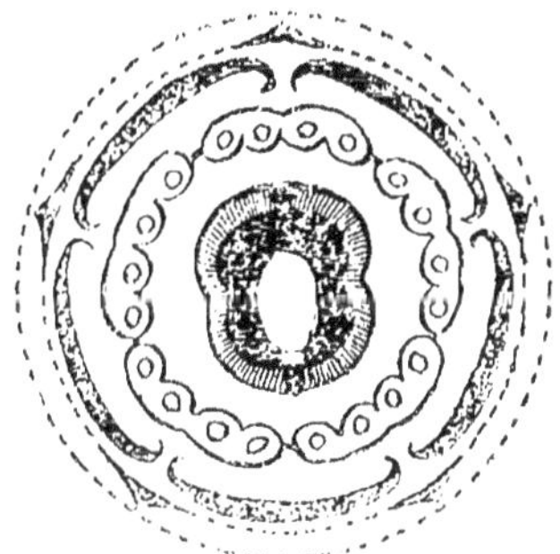

Fig. 146. — Diagramme d'un fleuron de Composée.

Quand la fleur se transforme en fruit, chaque ovaire devient un akène, surmonté d'une aigrette de poils provenant du calice. La graine y incluse est dépourvue d'albumen. Chaque fleuron donnant ainsi un akène, la fleur composée

Fig 147. — Capitule de Liguliflore.

Fig. 148. — Demi-fleuron de Liguliflore.

ou capitule du Bluet se transforme en un *fruit composé*, formé d'akènes groupés en capitule.

Formule florale du Bluet. — La formule florale du fleuron de Bluet peut s'écrire :

$$5S + (5)P + (5)E + \overline{1C}$$

indiquant ainsi que la corolle est gamopétale, les 5 étamines soudées entre elles et l'ovaire adhérent.

Diagramme du Bluet. — Le diagramme représenté par la figure 146 montre bien la disposition des diverses pièces de fleur.

2e type : la Chicorée. — La Chicorée a, comme le Bluet, des fleurs composées, c'est-à-dire que ce que l'on désigne habituellement sous le nom de *fleur* dans une Chicorée, est un capitule de petites fleurs. Celles-ci se distinguent de celles du Bluet surtout par la forme de la corolle, qui présente un tube très court, continué par une languette étalée, terminée par 5 petites dents. Une pareille corolle est dite *corolle ligulée* (fig. 147 et 148). A la fleur ligulée de la Chicorée, on donne le nom de *demi-fleuron*, pour la distinguer du *fleuron* à corolle tubulée du Bluet.

Les autres organes du demi-fleuron de la Chicorée sont semblables à ceux du fleuron du Bluet; on y trouve, en effet, 5 étamines attachées par les filets au tube de la corolle et soudées entre elles par les anthères, un ovaire infère et adhérent, une loge et un ovule, un style et 2 stigmates.

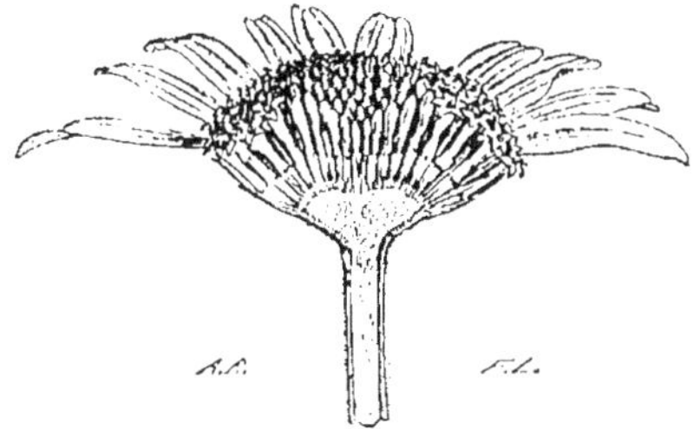

Fig. 149. — Capitule de Marguerite (coupe en long).

L'ovaire de chaque demi-fleuron se transforme en un akène, si bien que la fleur composée de Chicorée produit un fruit composé d'akènes disposés en capitule.

3e type : la Grande Marguerite. — Dans une *fleur* de la Grande Marguerite (fig. 149), nous voyons au centre un disque jaune d'or, entouré d'une *collerette* ou *couronne* de *rayons blancs*, auxquels on donne vulgairement le nom de *pétales*. C'est encore là une fleur composée ou capitule de petites fleurs sans pédoncules, groupées sur un réceptacle commun, entouré d'un involucre de bractées, comme chez le Bluet ou la Chicorée ; seulement, ici ces petites fleurs sont de deux sortes : le disque central est formé par de nombreux petits fleurons jaunes, à la corolle tubulée, construits sur le même type que ceux du Bluet, avec 5 étamines soudées par les anthères et un ovaire adhérent, à une loge. Les rayons du pourtour sont autant de petites fleurs à la corolle ligulée, c'est-à-dire des demi-fleurons rappelant tout à fait ceux de la Chicorée.

La seule différence, c'est que les demi-fleurons de la collerette de la Marguerite n'ont pas d'étamines, mais seulement un ovaire adhérent, un style et deux stigmates ; ce sont des fleurs femelles, tandis que les fleurons du disque sont hermaphrodites.

Caractères des Composées. — La famille des *Composées*, comme son nom l'indique, comprend des plantes ayant des *fleurs composées*, c'est-à-dire de nombreuses petites fleurs groupées en capitules. Dans chaque fleur simple, les étamines, au nombre de 5, sont soudées entre elles par leurs anthères, ce qui a fait donner parfois le nom de *Synanthérées* à la famille. L'ovaire est infère, surmonté de la corolle

Fig. 150. — Artichaut.

et d'une aigrette de poils représentant le calice ; il est creusé d'une seule loge avec un seul ovule. Il y a un style et deux stigmates.

L'ovaire de chaque fleur simple se transforme en un akène.

Quant à la corolle, elle est de forme variable, ce qui permet de diviser la famille des *Composées* ou *Synanthérées* en trois grandes sous-familles, correspondant aux trois types ci-dessus étudiés : les *Tubuliflores*, les *Liguliflores* et les *Radiées*.

Sous-Famille I. — LES TUBULIFLORES.

Caractères des Tubuliflores. — Les *Composées tubuliflores* ont les capitules formés exclusivement de fleurons à corolle tubulée comme celle du Bluet (fig. 145).

Principaux genres de Tubuliflores. — Bluet, Chardon, Cardon, Artichaut, etc.

Les *Chardons* sont caractérisés par leurs feuilles épineuses. Ce sont des plantes spontanées, qui deviennent nuisibles par leur nombre.

Fig. 151. — Laitue blanche.

Fig. 152. — Laitue Bossin.

Propriétés et usages des Tubuliflores. — L'Artichaut (fig. 150) est cultivé pour son capitule, dont plusieurs parties sont comestibles.

Les *feuilles* de l'Artichaut sont formées par les bractées de l'involucre attachées sur le réceptacle, qui est charnu et constitue le *fond*. Les fleurs, non encore complètement développées et enfermées à l'intérieur de l'involucre, forment ce que l'on nomme le *foin*.

Le *Bluet* et la *Centaurée* sont cultivés dans les jardins comme plantes d'ornement. Le *Carthame* renferme dans ses capitules une matière colorante.

Sous-Famille II. — LES LIGULIFLORES.

Caractères des Liguliflores. — Les *Composées liguliflores*, nommées aussi *Chicoracées*, ont les capitules (fig. 147) formés de demi-fleurons à corolle ligulée (fig. 148), comme ceux de la Chicorée.

Ces plantes contiennent dans leurs tiges et leurs feuilles un liquide laiteux nommé *latex*, contenant divers principes.

Principaux genres de Liguliflores. — Chicorée, Laitue, Pissenlit, Salsifis, etc.

Propriétés et usages des Liguliflores. — Plusieurs Chicoracées sont comestibles lorsque, par *étiolement*, c'est-à-dire en abritant les feuilles de la lumière, on empêche le latex de s'y développer.

On consomme comme salades les *Laitues* avec leurs variétés (fig. 151 et 152), les *Romaines* et diverses races de Chicorées (*Scarole*, *Endive*, *Chicorée frisée*, *Barbe de capucin*). Le *Pissenlit* est aussi une excellente salade. Les racines des *Salsifis* et des *Scorsonères* sont comestibles.

Fig. 153. — Marguerite.

Sous-Famille III. — LES RADIÉES.

Caractères des Radiées. — Chez les *Radiées*, les fleurs des capitules sont de deux sortes : des fleurons au centre forment le disque, des demi-fleurons sur le pourtour forment les *rayons* (fig. 148). Les capitules sont eux-mêmes généralement disposés en corymbes, d'où le nom de *Corymbifères* donné quelquefois aux Radiées.

Principaux genres de Radiées. — Marguerite (fig. 153), Soleil, Dahlia, Aster, Chrysanthème, Souci, Camomille, Arnica, Topinambour, Absinthe, etc.

Propriétés et usages des Radiées.—Plusieurs Radiées sont cultivées dans les jardins comme plantes d'ornement. Ex. : les Chrysanthèmes, Reines-Marguerites, Dahlias, Soleils, etc.

D'autres sont médicinales et quelques-unes alimentaires.

Les fleurs de *Camomille* servent à préparer une tisane excellente pour les maux d'estomac et l'huile de camomille est bonne en frictions. La teinture d'*Arnica* est souvent utilisée contre les meurtrissures.

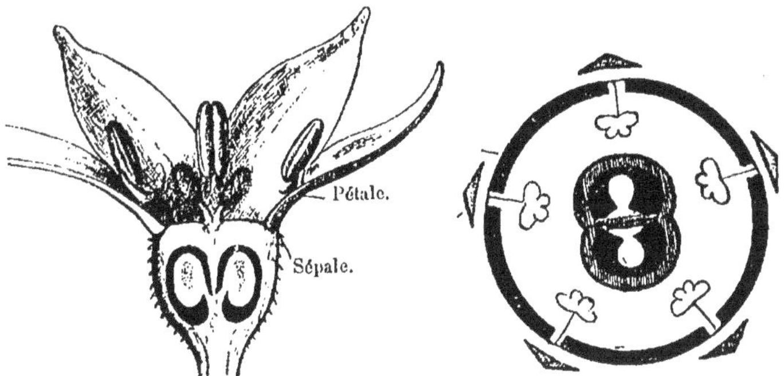

Fig. 154. — Fleur de Garance (coupe longitudinale).

Fig. 155. — Diagramme d'une fleur de Garance.

Le tubercule souterrain du *Topinambour* est alimentaire.

L'*Absinthe* sert à préparer la liqueur alcoolique bien connue sous ce nom et dont non seulement l'abus, mais même l'usage est dangereux.

Famille II. — LES RUBIACÉES

Type : la Garance. — La Garance est une plante herbacée, à tige carrée, et dont les feuilles semblent verticillées à première vue. Les fleurs, très petites et disposées en cymes, sont régulières.

Il n'y a pas de calice apparent, car il est soudé à l'ovaire, qui est adhérent (fig. 154). La corolle est gamopétale, à 5 dents ; 5 étamines alternent avec les divisions de la corolle, c'est-à-dire avec les pétales. L'ovaire est infère, et on n'aperçoit, au centre de la fleur, que les deux styles qui indiquent que le pistil est formé de 2 carpelles soudés. L'ovaire, situé sous la fleur, accolé aux autres pièces florales qui l'enveloppent par leurs bases, est creusé de 2 loges (fig. 154).

Le fruit se compose de 2 coques globuleuses, accolées l'une à l'autre, provenant chacune d'une des loges de l'ovaire et renfermant une seule graine.

Formule florale de la Garance. — La formule florale de la Garance est :

$$5S + (5)P + 5E + \overline{(2)C}$$

Diagramme de la Garance. — Le diagramme est représenté par la figure 155. La soudure des étamines par leur filet au tube de la corolle y est indiquée par un trait fin de réunion.

Caractères des Rubiacées. — La famille des Rubiacées est très vaste et comprend un certain nombre de types différents. Les fleurs sont ordinairement régulières. Le caractère commun le plus important est celui de l'ovaire adhérent, à 2 loges.

Classification des Rubiacées. — Nous distinguerons les Rubiacées en deux groupes :

1° Les **Rubiacées indigènes** sont de petites plantes herbacées, qui ressemblent beaucoup, par leurs caractères, à la Garance. Les fleurs rappellent celles de cette plante, mais ne sont pas toujours construites comme elles, sur le type 5. Les *Gaillets* (fig. 156), par exemple, ont 4 sépales, 4 pétales, 4 étamines.

Fig. 156. — Gaillet vrai ou Caille-lait.

Les feuilles, chez les Rubiacées indigènes, semblent *verticillées*. Il y en a ordinairement 6 attachées à chaque nœud. En réalité, il n'y a que 2 feuilles, et chacune d'elles porte à sa base une paire de stipules, qui ressemblent à la feuille qu'elles accompagnent. En réalité, les feuilles sont donc opposées chez les Rubiacées.

Cette manière de voir est justifiée par ce fait que, seules, deux des six feuilles du verticille donnent naissance à un bourgeon à leur aisselle. De plus, la comparaison avec les Rubiacées exotiques montre bien que, dans la famille, les feuilles sont normalement opposées.

Ex. : Garance, Gaillet, Aspérule.

Les *Gaillets* forment de nombreuses espèces, toutes abondantes dans la flore française : le *Caille-lait* (fig. 156), la *Croisette*, le *Gratteron*, etc.

2° Les **Rubiacées exotiques** sont des arbres et des arbrisseaux à feuilles nettement opposées, munies de stipules membraneuses, qui tombent parfois de bonne heure.

Ex. : Caféier, Quinquina, Ipécacuanha.

Fig. 157. — Caféier.

Propriétés et usages des Rubiacées. — Les Rubiacées indigènes n'ont guère d'utilité.

La *Garance*, autrefois très cultivée dans le Midi de la France pour la couleur rouge qu'on retirait de ses racines, est aujourd'hui délaissée, depuis qu'on sait retirer de la houille l'*alizarine*, principe colorant de la Garance.

Les Rubiacées exotiques, au contraire, renferment des plantes de première importance, en particulier le Caféier et les Quinquinas.

Le *Caféier* (fig. 157) est un arbre originaire d'Abyssinie et transporté dans tous les pays chauds. Son fruit est formé par deux baies

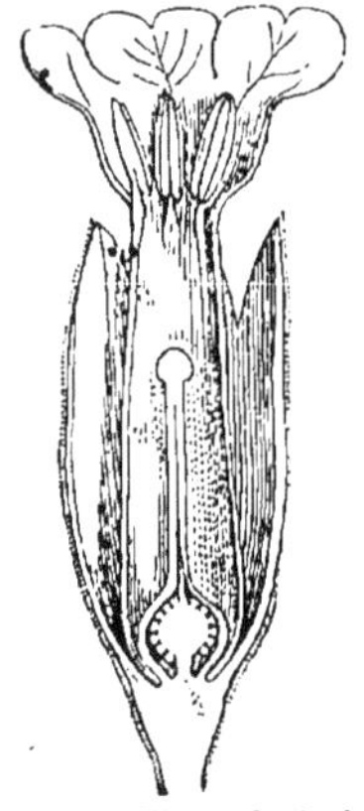

Fig. 158. — Fleur de Primevère (coupe en long).

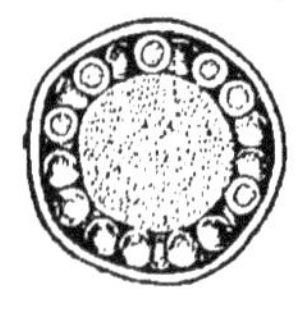

Fig. 159. — Ovaire de Primevère (coupe transversale).

rouges, accolées, renfermant chacune une graine. Cette graine, ou *grain de café*, torréfiée donne par infusion le *café*, riche en *caféine*, stimulant puissant des facultés intellectuelles.

Les *Quinquinas* sont de grands arbres d'Amérique, dont l'écorce contient de la *quinine*, médicament précieux surtout pour combattre la fièvre.

L'*Ipécacuanha*, dont la racine est vomitive, est également une Rubiacée, ainsi que le *Gardénia* à la superbe fleur ornementale.

TREIZIÈME LEÇON

Famille III. — LES PRIMULACÉES.

Type : la Primevère. — La Primevère officinale, si commune au premier printemps est bien connue sous le nom vulgaire de *Coucou*.

La fleur est régulière (fig. 158). Le calice est gamosépale à 5 dents, la corolle gamopétale à 5 divisions.

L'androcée se compose de 5 étamines soudées au tube de la corolle en face des lobes de celle-ci. Les étamines sont donc *opposées aux pétales* (fig. 158).

C'est là une exception à la disposition générale; nous avons vu en effet dans les fleurs que nous avons étudiées jusqu'ici, les étamines alterner avec les pétales.

Le pistil est formé de carpelles soudés entre eux en un

Fig. 160. — Diagramme de Primevère.

ovaire unique, libre au centre de la fleur et surmonté d'un style et d'un stigmate en forme de plateau. Cet ovaire est creusé d'une seule loge, au centre de laquelle les ovules, très nombreux, sont attachés sur une sorte de petite colonne. La *placentation* est alors dite *centrale* (fig. 159).

Le fruit est une capsule s'ouvrant par des dents au sommet, pour mettre en liberté des graines pourvues d'un albumen.

Formule florale de la Primevère. — La formule florale de la Primevère s'écrit :

$$(5)S + (5)P + 5E + (2)C$$

Diagramme de la Primevère. — Le diagramme (fig. 160) montre la dispostion particulière de l'androcée, dont les étamines sont opposées aux pétales.

Caractères des Primulacées. — Les caractères de la Primevère se retrouvent chez les Primulacées.

Fleur régulière. 5 étamines opposées aux pétales. Ovaire libre, à une loge, avec nombreux ovules attachés sur une colonne centrale.

Principaux genres de Primulacées. — Primevère, Cyclamen, Lysimaque, Mouron.

Chez le *Mouron rouge* ou *Mouron des champs* (qu'il ne faut pas confondre avec le *Mouron des oiseaux*, qui appartient à la famille des Caryophyllées de l'ordre des Dialypétales), le fruit est une capsule qui s'ouvre par une sorte de couvercle se détachant à la partie supérieure. A un pareil fruit, on donne le nom de *pyxide*.

Fig. 161. — Cyclamen d'Afrique.

Propriétés et usages des Primulacées. — Les Primulacées sont surtout des plantes d'ornement.

Il existe de nombreuses *Primevères* cultivées. Les *Cyclamens* (fig. 161) ont également de très jolies fleurs.

Famille IV. — LES SOLANÉES.

Type : la Pomme de terre. — Une fleur de Pomme de terre est régulière et complète. Elle se compose :

D'un calice gamosépale à 5 dents ;

D'une corolle gamopétale à 5 divisions ;

De 5 étamines soudées par la base de leurs filets au tube de la corolle, en face des échancrures de celle-ci.

Les étamines alternent donc bien avec les pétales. L'insertion des étamines sur le tube de la corolle, et non sur le réceptacle, se rencontre chez un très grand nombre de Gamopétales, qui sont, pour ce fait, qualifiées de *corolliflores*.

Le pistil est formé de 2 carpelles réunis entre eux en un ovaire libre au centre de la fleur. Cet ovaire est à 2 loges,

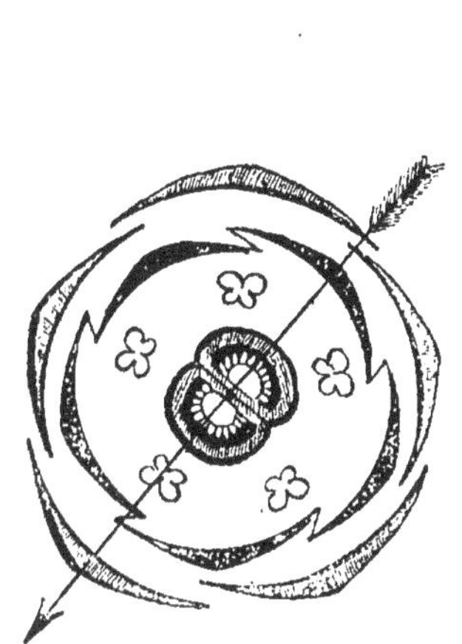

Fig. 162. — Diagramme de Pomme de terre.

Fig. 163. — Aubergine.

contenant chacune de nombreux ovules insérés sur l'axe.

Le fruit est une baie charnue, renfermant de nombreuses graines pourvues d'un albumen.

Formule florale de la Pomme de terre. — Les caractères de la fleur de Pomme de terre peuvent être résumés par la formule suivante :

$$5S + (5)P + 5E + (2)C$$

Diagramme de la Pomme de terre. — Le diagramme de la figure 162 résume les caractères de la fleur des Solanées. La flèche placée obliquement indique le plan de symétrie de la fleur.

Caractères des Solanées. — Les Solanées ressemblent beaucoup à la Pomme de terre par les caractères de leurs fleurs, qui sont régulières, avec 5 étamines et un ovaire libre à 2 loges renfermant de nombreux ovules.

Classification des Solanées. — D'après la forme du fruit, on peut diviser la famille des Solanées en deux groupes :

1° Le fruit est une Baie chez la Pomme de terre, l'Aubergine (fig. 163), la Tomate, la Belladone, la Douce-amère, etc.

2° Le fruit reste sec et est une capsule chez le Tabac et la Jusquiame.

Propriétés et usages des Solanées. — La plupart des Solanées renferment dans leur appareil végétatif des substances vénéneuses très actives. Quelques-unes cependant sont alimentaires, comme la Pomme de terre, la Tomate, le Piment, etc.

Parmi les **Solanées vénéneuses**, la *Belladone* est une des plus dangereuses : sa baie et ses feuilles renferment un violent poison, l'*atropine*, que l'on emploie quelquefois en médecine, à petites doses, en particulier, pour dilater la pupille de l'œil.

Le *Tabac* renferme de la *nicotine*, poison violent. Ses feuilles servent à fabriquer le tabac à fumer ou à priser.

Les principales **Solanées comestibles** sont la *Pomme de terre*, dont on mange les tubercules ou tiges souterraines, la *Tomate* et l'*Aubergine* (fig. 163), dont on mange les baies.

Celles des *Piments* sont employées comme assaisonnement, surtout dans les pays chauds.

Famille V — LES SCROFULARINÉES.

Type : la Linaire. — La Linaire à fleurs jaunes est fort commune sur le bord des chemins et dans les endroits pierreux.

Ses fleurs sont irrégulières et présentent la symétrie bilatérale. Le calice est gamosépale, à 5 dents, légèrement irrégulier. La corolle gamopétale est nettement divisée en 2 lèvres, dont l'une supérieure est formée par la soudure de 3 pétales et l'autre inférieure par la soudure de 2 pétales. La lèvre inférieure présente à l'ouverture de la fleur un renflement nommé *palais* (fig. 164).

Cette corolle irrégulière à deux lèvres avec un palais, a reçu le nom de corolle *personnée* (fig. 164), par la comparaison avec le masque (en latin *personna*), dont les acteurs antiques se couvraient le visage dans les représentations théâtrales. On emploie souvent le nom de *Personnées* pour désigner la famille, à la place de celui de Scrofularinées.

La lèvre inférieure de la corolle de la Linaire se prolonge par un éperon creux.

Les étamines sont au nombre de 4 seulement, attachées par leurs filets sur le tube de la corolle. Elles ne sont pas

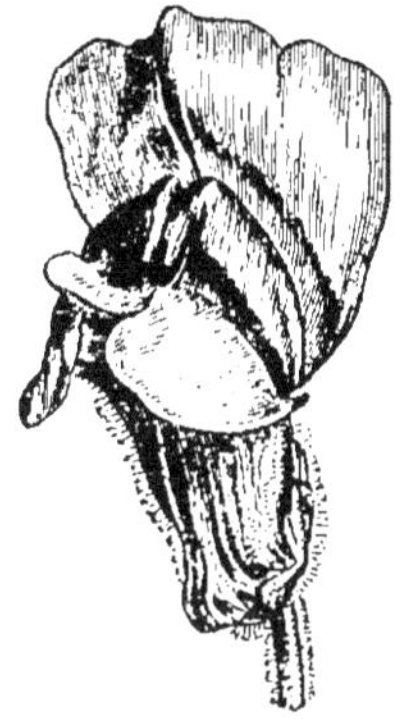

Fig. 164. — Fleur de Muflier ou Gueule-de-Loup.

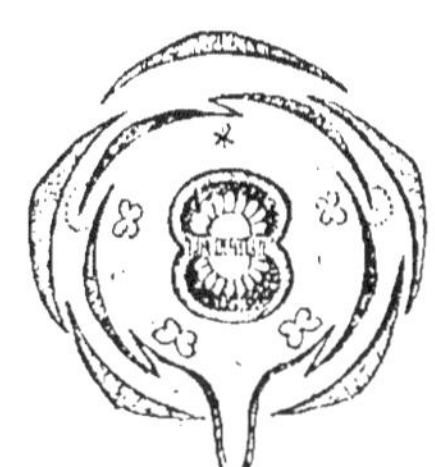

Fig. 165. — Diagramme de Linaire.

de la même taille : deux sont plus grandes et les deux autres plus petites. Lorsque, dans une fleur, l'androcée se compose ainsi de 4 étamines, dont 2 grandes et 2 petites, on dit que les étamines sont *didynames*.

Le pistil est fait exactement comme celui de la Pomme de terre et des Solanées : il se compose de 2 carpelles soudés en un ovaire libre, à 2 loges, renfermant de nombreux ovules.

La forme du pistil rapproche les Scrofularinées des Solanées, dont elles se distinguent par l'irrégularité de la corolle et l'androcée formé de 4 étamines inégales et non de 5 égales entre elles; on peut dire alors que les Scrofularinées sont des Solanées à fleurs irrégulières.

Le fruit est une capsule et les graines sont albuminées.

Formule florale de la Linaire. — La formule florale de la Linaire est :

$$(5)S + ((2) + (3))P + 4E + (2)C$$

on pourrait, au lieu de 4E, écrire 2 + 2 E, avec un grand 2 et petit 2, indiquant par là que les étamines sont didynames.

Diagramme de la Linaire. — Dans le diagramme de la Linaire (fig. 165) on peut remarquer l'éperon de la corolle et les 4 étamines de l'androcée; la place de la 5e étamine, qui a disparu, est indiqué par une petite étoile.

Caractères des Scrofularinées. — Les plantes qui forment la famille des Scrofularinées ont, comme la Linaire, une fleur irrégulière, à corolle le plus souvent personnée, c'est-à-dire à 2 lèvres avec un palais, 4 étamines didynames, un ovaire à 2 loges renfermant de nombreux ovules.

Principaux genres de Scrofularinées. — Linaire, Muflier, Scrofulaire, Pédiculaire, Digitale, Véronique, etc.

La *Véronique* a la corolle presque régulière et l'androcée ne se compose plus que de 2 étamines.

Propriétés et usages des Scrofularinées. — Les Scrofularinées sont surtout des plantes d'ornement. Ex. : le Muflier ou Gueule-de-Loup (fig. 164), les Linaires, etc.

La *Digitale* contient un principe vénéneux très énergique, que l'on emploie à petite dose en médecine, dans les maladies de cœur.

La *Gratiole* ou *Herbe au pauvre homme* est une plante purgative.

Les *Mélampyres* vivent en parasites sur les Céréales.

Les *Orobanches*, dépourvues de chlorophylle, poussent sur les racines de la Luzerne, du Thym, du Chanvre, etc.

Famille VI. — LES BORRAGINÉES.

Type : la Bourrache. — Une fleur de Bourrache est régulière. Son calice est gamosépale à 5 dents, sa corolle gamopétale à 5 divisions ; les étamines, au nombre de 5, sont égales entre elles, alternant régulièrement avec les pétales.

Le pistil est formé de 2 carpelles soudés en un ovaire libre, primitivement à 2 loges, dont chacune renferme 2 ovules. Plus tard, dans la suite du développement, chaque loge se divise en deux par une cloison, si bien que le pistil est définitivement constitué par 4 logettes à un seul ovule.

Chaque logette se transforme ensuite en un akène. Le fruit de la Bourrache se compose donc de 4 akènes groupés au fond du calice qui persiste. Les graines sont sans albumen.

Formule florale de la Bourrache. — La formule florale de la Bourrache est la même que celle de la Pomme de terre :

$$(5)S + (5)P + 5E + (2)C$$

Diagramme de la Bourrache. — Le diagramme (fig. 166) diffère de celui des Solanées (fig. 162) par la coupe du pistil, qui ici est à 4 loges au lieu de 2.

Caractères des Borraginées. — Les caractères de la Bourrache se retrouvent chez les Borraginées, qui ont toutes

Fig. 166. — Diagramme d'une fleur de Bourrache.

des fleurs régulières, un androcée de 5 étamines égales, un ovaire provenant de la soudure de 2 carpelles, divisé en 4 logettes ne renfermant qu'un ovule. Le fruit est composé de 4 akènes.

Une fleur de Borraginée ne se distingue donc d'une fleur de Solanée que par le pistil. Le calice, la corolle et l'androcée sont construits sur le même type dans les deux familles.

Chez les Borraginées, les feuilles sont alternes et toujours hérissées de poils rudes. Les fleurs sont groupées en *cyme unipare scorpioïde* (Voy. p. 43, fig. 47).

Principaux genres de Borraginées. — Bourrache, Myosotis, Pulmonaire, Héliotrope, Consoude, etc.

Propriétés et usages des Borraginées. — Plusieurs Borraginées servent en médecine. D'autres sont ornementales.

La *Bourrache* est employée en infusion, pour activer le fonctionnement des glandes sudoripares.

Le *Myosotis* et l'*Héliotrope* sont de jolies plantes d'ornement.

Famille VII. — LES LABIÉES.

Type : le Lamier blanc. — Le Lamier blanc, que l'on trouve le long des haies et des chemins, est désigné vulgairement sous le nom d'*Ortie blanche*.

Malgré ce nom, le Lamier blanc n'est pas une *Ortie* et ne rappelle cette plante que par son port.

Une fleur de Lamier blanc (fig. 167) est irrégulière : son calice est gamosépale à 5 dents. La corolle gamopétale se

Fig. 167. — Fleur de Lamier blanc.

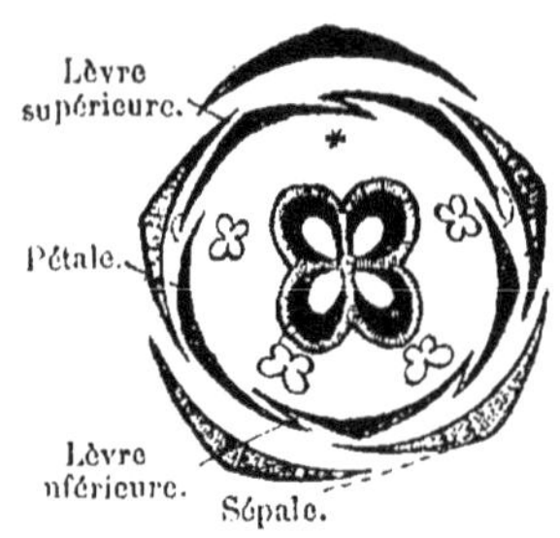

Fig. 168. — Diagramme d'une Fleur de Lamier.

divise en 2 lèvres nettement distinctes, l'une supérieure formée de 2 pétales soudés, l'autre inférieure de 3.

Ici, il n'y a pas de *palais* comme dans la corolle personnée. Cette corolle à deux lèvres et sans palais a reçu le nom de *corolle labiée* (fig. 167).

L'androcée est formé de 4 étamines didynames comme celui des Scrofularinées, c'est-à-dire qu'il y en a 2 grandes et 2 petites.

Le pistil rappelle tout à fait celui des Borraginées. Formé de 2 carpelles réunis, il se divise en 4 logettes renfermant un ovule chaque. Le fruit est également formé de 4 akènes disposés au fond du calice. Les graines sont sans albumen.

Formule florale du Lamier. — La formule florale est la même que celle de la Linaire :

$$(5)S + ((2) + (3))P + 4E + 2C$$

Diagramme du Lamier. — Le diagramme (fig. 168) rappelle celui des Scrofularinées, mais la coupe de l'ovaire y est différente. L'androcée au contraire y est identique.

Caractères des Labiées. — Les Labiées ont les fleurs irrégulières, une corolle à 2 lèvres, 4 étamines didynames, un pistil à 4 logettes contenant chacune un ovule. Le fruit se compose de 4 akènes.

Par le pistil et le fruit, les Labiées se rapprochent donc étroitement des Borraginées, dont elles se séparent par l'irrégularité

Fig. 169. — Sauge.

des fleurs. On peut dire que les Labiées sont des Borraginées à fleurs irrégulières.

Par l'irrégularité de la corolle et la forme de l'androcée, les Labiées ressemblent beaucoup aux Scrofularinées, dont elles se distinguent par le pistil.

On voit donc qu'il y a d'étroits rapports entre les quatre familles que nous venons d'étudier, dans l'ordre des Gamopétales; rapports que l'on peut résumer par le tableau suivant.

	OVAIRES à 2 loges à nombreux ovules.	OVAIRES à 4 loges à un seul ovule.
Fleurs régulières, 5 étamines.	Solanées.	Borraginées.
Fleurs irrégulières, 4 étamines didynames.	Scrofularinées.	Labiées.

La famille des Labiées est encore caractérisée par son appareil végétatif : le tige est carrée et porte des feuilles toujours opposées.

Principaux genres de Labiées. — Lamier, Menthe, Sauge (fig. 169), Lavande, Thym, Serpolet, Bugle, Germandrée, etc.

La corolle de la *Menthe* est presque régulière. Chez le *Bugle* et la *Germandrée*, elle n'a plus qu'une seule lèvre : elle est dite *unilabiée*.

Le *Romarin* n'a que 2 étamines. Il en est de même de la *Sauge* où de plus chaque anthère est réduite à une seule loge.

Propriétés et usages des Labiées. — Les feuilles, lorsqu'on les frotte dans les doigts, laissent dégager un parfum souvent fort agréable. Les Labiées sont des plantes aromatiques.

L'*alcool de menthe*, l'*eau de mélisse*, l'*eau-de-vie de lavande*, etc. sont des préparations obtenues avec diverses Labiées.

Le *Patchouly* est une Labiée des Indes, qui donne un parfum énergique.

Principales familles de l'ordre des GAMOPÉTALES.

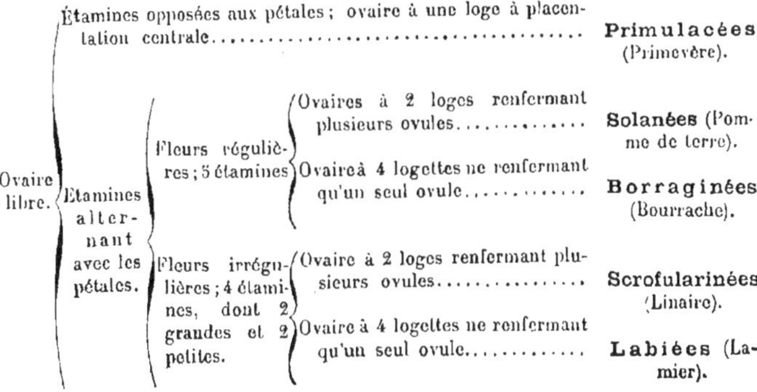

Ovaire libre.
- Étamines opposées aux pétales ; ovaire à une loge à placentation centrale .... **Primulacées** (Primevère).
- Étamines alternant avec les pétales.
  - Fleurs régulières ; 5 étamines
    - Ovaires à 2 loges renfermant plusieurs ovules .... **Solanées** (Pomme de terre).
    - Ovaire à 4 logettes ne renfermant qu'un seul ovule .... **Borraginées** (Bourrache).
  - Fleurs irrégulières ; 4 étamines, dont 2 grandes et 2 petites.
    - Ovaire à 2 loges renfermant plusieurs ovules .... **Scrofularinées** (Linaire).
    - Ovaire à 4 logettes ne renfermant qu'un seul ovule .... **Labiées** (Lamier).

Ovaire adhé-rent.	Fleurs composées ; 5 étamines soudées par les anthères ; un seul carpelle..................................	**Composées** (Bluet).
	Fleurs simples ; 2 carpelles soudés à un ovaire à 2 loges....	**Rubiacées** (Garance).

QUATORZIÈME LEÇON

Ordre III. — LES APÉTALES.

Caractères. — Les *Apétales* ont les fleurs dépourvues de corolles ; celles-ci sont *nues* ou présentent seulement une seule enveloppe florale, le *calice*.

Classification. — A cet ordre appartiennent plusieurs familles : la plus importante, que nous étudions seule ici, est celle des Amentacées.

Famille I. — LES AMENTACÉES.

Type : le Chêne. — Si l'on observe une branche de Chêne au printemps (fig. 170), au moment de l'apparition des feuilles, on aperçoit au milieu des bourgeons les fleurs qui se montrent sur les jeunes rameaux de l'année. Ces fleurs sont de deux sortes : des fleurs mâles à étamines et des fleurs femelles à pistil. Le Chêne est donc *monoïque* (Voy. p. 48).

Les fleurs mâles sont disposées en longs épis jaunâtres qui pendent attachés au milieu des rameaux (fig. 170). Un pareil épi de fleurs mâles sans corolle est ce qu'on appelle un *chaton*, en latin *amentum*, d'où le nom d'*Amentacées* donné à la famille.

Chacune de ces fleurs mâles se compose d'un périanthe à 6 divisions verdâtres et d'un paquet d'étamines (fig. 171).

Les fleurs femelles sont portées à l'extrémité d'autres jeunes rameaux, groupées en courts épis (chatons) à l'aisselle des feuilles (fig. 171).

Chacune d'elles est formée par un pistil dont l'ovaire, à 3 loges à 2 ovules chaque, est surmonté d'un style et de 3 stigmates. Autour de l'ovaire, enveloppant celui-ci, est une *cupule* de bractées ou écailles serrées les unes contre les autres (fig. 172).

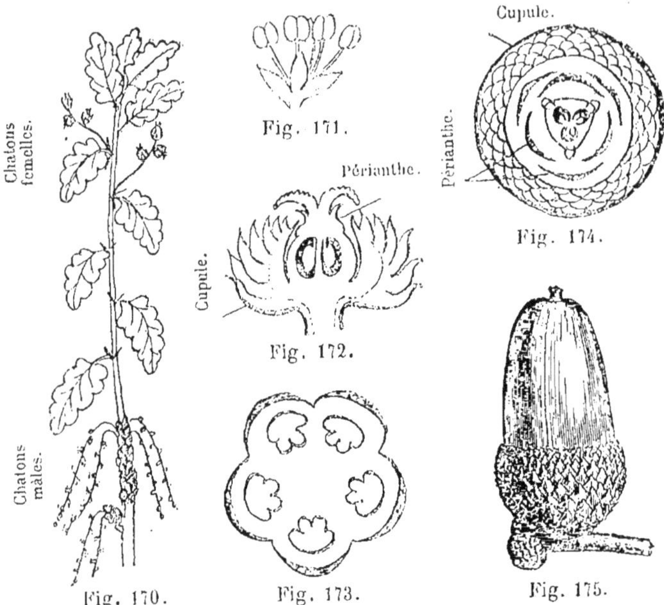

Fig. 170. — Rameau de Chêne portant des fleurs mâles et femelles. — Fig. 171. — Fleur mâle du Chêne. — Fig. 172. — Fleur femelle du Chêne. — Fig. 173. — Diagramme de la fleur mâle du Chêne. — Fig. 174. — Diagramme de la fleur femelle du Chêne. — Fig. 175. — Gland de Chêne.

Chaque fleur femelle se transforme en fruit : une seule loge de l'ovaire et un seul ovule mûrissent, si bien que le fruit est un akène entouré à sa base par la cupule de la fleur femelle, qui grossit en même temps que l'ovaire. L'ensemble de l'akène et de la cupule forme ce qu'on appelle un *gland* (fig. 175). La graine qui y est contenue est dépourvue d'albumen.

Diagramme. — Les figures 173 et 174 représentent les diagrammes des fleurs mâle et femelle du Chêne.

Caractères des Amentacées. — A la famille des Amentacées appartiennent de nombreuses plantes, arbres ou arbustes, présentant le caractère commun d'avoir les fleurs mâles groupées en chatons.

Classification des Amentacées. — La famille des Amen-

Fig. 176. — Branche de Noisetier.

tacées, qui est très vaste et renferme la plupart des arbres et arbustes de nos forêts, peut être divisée en quatre tribus : les *Cupulifères*, les *Bétulinées*, les *Salicinées* et les *Juglandées*.

Tribu I. — LES CUPULIFÈRES.

Caractères des Cupulifères. — Cette tribu, qui a pour type le Chêne, a les fleurs femelles entourées d'une *cupule* de bractées, qui se retrouve autour du fruit.

Principaux genres de Cupulifères. — Chêne, Châtaignier, Hêtre, Noisetier (fig. 176), Charme, etc.

Le *Chêne* est un grand arbre de nos forêts, dont le bois est exploité pour la construction, la menuiserie et le chauffage. Son

Fig. 177. — Bouleau.

écorce contient beaucoup de tannin et sert à tanner le cuir. Dans le Midi et surtout en Algérie, on cultive le *Chêne-Liège*, dont l'écorce, très épaisse, fournit le liège.

Le *Châtaignier* est un grand arbre, qui croît dans les terrains siliceux. Son fruit, nommé *châtaigne*, est comestible : à l'intérieur de la cupule formée par la coque verte épineuse, on trouve les fruits (akènes) au nombre de trois environ (1). Son bois est

(1) Il ne faut pas confondre la *Châtaigne* avec le *Marron d'Inde*. Une Châtaigne (appelée aussi quelquefois *Marron*), est un fruit : la coque verte représente la cupule de bractées, et ce qui y est renfermé représente le fruit, des akènes. Un Marronnier d'Inde (arbre rangé dans la famille des Hippocastanées, de l'ordre des Dialypétales) est une graine, et la coque verte qui le renferme est le péricarpe du fruit.

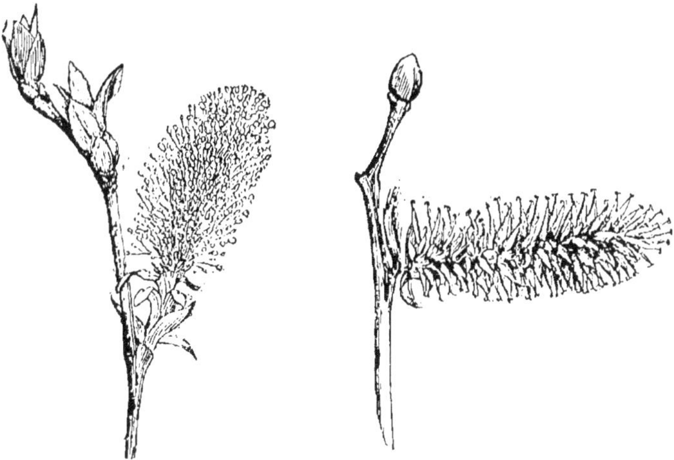

Fig. 178. — Chaton mâle de Saule. Fig. 179. — Chaton femelle de Saule.

exploité, en particulier pour faire des cercles de tonneaux.

Le *Hêtre* a des fruits triangulaires, nommés *faînes*, qui servent à fabriquer de l'huile.

Le *Noisetier* (fig. 176) a pour fruit des *noisettes*, fruits secs, à péricarpe ligneux, entourés d'une mince *cupule*. L'unique graine, contenue dans chaque fruit, est comestible et fournit une huile très fine.

Le *Charme* est facile à tailler et permet de faire des *charmilles*; son bois est excellent pour le chauffage.

Tribu II. — LES BÉTULINÉES.

Caractères. — Les *Bétulinées* sont des arbres monoïques, comme les *Cupulifères*, mais s'en distinguent par l'absence de cupule autour des fleurs femelles.

Principaux genres. — Bouleau, Aulne.

Le *Bouleau* (fig. 177) est un arbre de taille moyenne, facilement reconnaissable à son écorce lisse et blanche, se détachant par minces feuillets. Son fruit ailé est désigné sous le nom de *samare*. L'écorce du Bouleau sert dans la préparation du cuir de Russie, pour lui donner son odeur particulière.

L'*Aulne* appartient au même groupe; il se distingue du Bouleau par son fruit non ailé. Son bois est léger et susceptible d'un beau poli. Son écorce est employée en tannerie.

Fig. 180. — Peuplier du Jardin botanique de Dijon.

Tribu III. — LES SALICINÉES

Caractères des Salicinées. — Les *Salicinées* sont des Amentacées *dioïques*, c'est-à-dire que les fleurs mâles et les fleurs femelles sont disposées sur des individus différents. Fleurs mâles (fig. 178) et fleurs femelles (fig. 179) sont disposées en chatons et tout à fait dépourvues de périanthe.

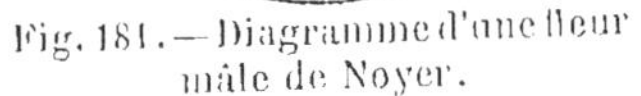

Fig. 181. — Diagramme d'une fleur mâle de Noyer.

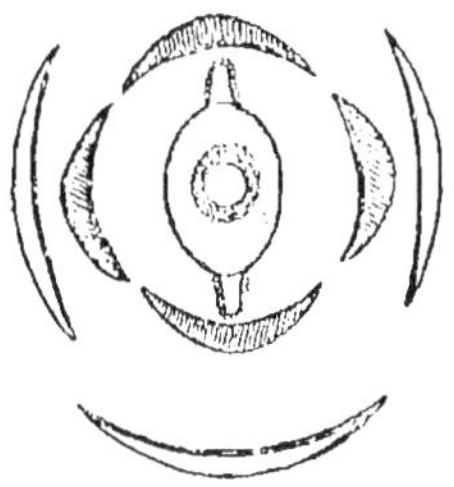

Fig. 182. — Diagramme d'une fleur femelle de Noyer.

Principaux genres de Salicinées. — Saule, Peuplier.

Les *Saules* croissent sur le bord des eaux ; leurs jeunes rameaux flexibles sont employés par les vanniers, et leur écorce riche en tannin sert pour la préparation des cuirs.

Les *Peupliers* ont un bois léger et blanc, très employé dans l'industrie. Ce sont de très beaux arbres, pouvant atteindre une grande dimension (fig. 180). On distingue plusieurs espèces : le *P. d'Italie*, le *P. de Hollande*, le *P. noir*, le *Tremble*, etc.

Tribu IV. — LES JUGLANDÉES.

Caractères des Juglandées. — Les *Juglandées*, qui ont pour type le Noyer, se distinguent des autres Amentacées par leur ovaire infère et adhérent. Fleurs mâles (fig. 181) en chatons. Fleurs femelles (fig. 182), groupées en épis de trois à quatre fleurs, se composent d'un ovaire à une seule loge, surmonté de deux stigmates, et soudé extérieurement au calice.

Le fruit est une drupe, dont la partie charnue est formée par la partie externe du péricarpe soudée au calice.

Le *Noyer* est un grand arbre, aux feuilles composées, luisantes, répandant une forte odeur quand on les froisse.

Son fruit nommé *noix* est une drupe dont la partie charnue (*brou*) n'est pas comestible. La graine contenue dans l'endocarpe lignifié est huileuse.

Tout peut être utilisé dans le Noyer, bois, feuilles, fruits, etc.

Division en ordres de la classe des DICOTYLÉDONES.

Fleurs pourvues d'une corolle.	Corolle à pétales distincts.............	**Dialypétales** (Giroflée).
	Corolle à pétales soudés entre eux......	**Gamopétales** (Bourrache).
Fleurs dépourvues de corolle....................		**Apétales** (Chêne).

Classe II. — LES MONOCOTYLÉDONES.

Caractères. — Les Monocotylédones sont des Phanérogames angiospermes (c'est-à-dire des plantes à fleurs et à ovaire clos), dont la graine est pouvue d'un seul cotylédon.

A ce caractère qui définit la classe, s'en ajoutent d'autres qui, par leur ensemble, permettent de distinguer facilement une Monocotylédone d'une Dicotylédone :

1° Les feuilles ont ordinairement des nervures parallèles.

2° Les fleurs sont construites sur le type 3, ce qui veut dire que, dans chaque verticille, les pièces florales sont au nombre de 3 ou d'un multiple de ce nombre. De plus les pièces du calice et de la corolle se ressemblent le plus souvent si bien, que les deux enveloppes florales se confondent en un périanthe.

3° La tige et la racine ne s'accroissent qu'exceptionnellement en épaisseur et en tous cas il ne se forme jamais de bois ni de liber secondaires, disposés en couches concentriques comme cela a été expliqué pages 25 et suivantes.

4° La racine principale disparaît de très bonne heure et est remplacée par de nombreuses racines latérales apparaissant à la base de la tige.

Si nous comparons ces caractères à ceux que nous avons indiqués (p. 67) pour les Dicotylédones, on voit nettement quelles sont les différences entre les deux classes.

Classification. — Nous étudierons six familles seulement dans la classe des Monocotylédones : les *Liliacées*, les *Iridées*, les *Orchidées*, les *Palmiers*, les *Graminées* et les *Cypéracées.*

Famille I. — LES LILIACÉES.

Type : le Lis. — Une fleur de Lis est régulière. Le périanthe se compose de 6 divisions, qui semblent être 6 pétales par leur couleur, si bien qu'on pourrait croire que chez le Lis il n'y a qu'une corolle de 6 pétales et pas de calice. En réalité, 3 de ces divisions s'attachent sur le réceptacle en un verticille plus externe, 3 autres en un verticille plus interne. Il y a donc un calice de 3 sépales et une corolle de 3 pétales, mais les sépales sont identiques aux pétales : ils sont *pétaloïdes*.

Les étamines sont au nombre de 6, dont 3 plus externes alternent avec les pétales et sont par conséquent vis-à-vis des sépales, 3 plus internes alternent avec les précédentes et sont donc en face des pétales.

Le pistil est formé de la soudure de 3 carpelles : il comprend un ovaire libre au centre de la fleur, surmonté d'un style cylindrique, terminé par 3 stigmates. L'ovaire est à 3 loges, contenant chacune plusieurs ovules attachés à l'angle interne, sur l'axe par conséquent.

Fig. 183. — Diagramme d'une fleur de Lis.

Le fruit est une capsule qui s'ouvre à maturité par 3 fentes longitudinales pour mettre les graines en liberté.

Formule florale du Lis. — La formule florale du Lis peut s'écrire

$$3S + 3P + 6E + (3)C.$$

Diagramme du Lis. — Le diagramme représenté figure 183 montre bien la disposition régulière des pièces florales du Lis.

Caractères des Liliacées. — Les caractères des Liliacées sont ceux du Lis : Périanthe à 6 divisions pétaloïdes ; 6 étamines ; ovaire à 3 loges contenant plusieurs ovules ; graines à albumen.

Classification des Liliacées. — La forme du fruit permet de diviser la famille des Liliacées en deux groupes :

1° Les *Liliacées à capsules* ou *Liliacées vraies*, dont le fruit est une capsule semblable à celle du Lis. Ex. : Lis, Tulipe, Jacinthe, Ail, Aloës, etc.

2° Les *Liliacées à baies* ou *Asparaginées*, dont le fruit est une baie. Ex. : Asperge, Muguet, Dragonnier, etc.

Propriétés et usages des Liliacées. — Un grand nombre de Liliacées sont alimentaires ; on mange les bulbes souterrains de nombreuses espèces du genre Ail, parmi lesquelles, outre l'*Ail* proprement dit, l'*Oignon*, le *Poireau*, l'*Echalotte*, la *Ciboule*.

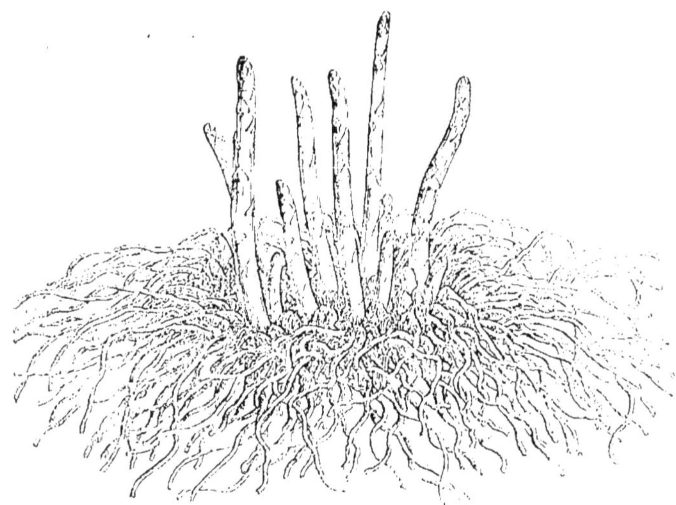

Fig. 184. — Asperges.

Fig 185. — Tulipe.

Dans l'Asperge (fig. 184), la partie comestible est le bourgeon terminal de la tige, jeune encore, coupée au moment où elle sort de terre. Ces tiges aériennes se développent sur un rhizome souterrain, nommé *griffe*.

Fig. 186. — Lin de la Nouvelle-Zélande.

Plusieurs Liliacées sont ornementales et comptent parmi nos fleurs les plus belles : Ex. : Lis, Tulipe (fig. 185), Muguet, Jacinthe, etc. Les *Yuccas* et les *Dragonniers* ou *Draconas* sont de jolies plantes vertes d'appartement.

L'*Aloès* est une Liliacée des pays chauds, en particulier du Cap, dont les feuilles, charnues et piquantes, laissent couler, quand on les coupe, un suc qui s'épaissit à l'air et est employé en médecine.

Le *Lin de la Nouvelle-Zélande* (fig. 186) ou *Phormium* fournit des fibres textiles, utilisées dans les pays chauds.

Famille II. — LES IRIDÉES.

Type : l'Iris. — Une fleur d'Iris (fig. 187) est entourée par un périanthe de 6 divisions pétaloïdes, colorées, où l'on peut cependant distinguer les sépales et les pétales, sinon par leur couleur, du moins par leur forme. Les sépales sont réfléchis ; les pétales dressés (fig. 187).

Les étamines sont au nombre de 3, alternant avec les pétales, c'est-à-dire situées en face des sépales.

L'ovaire est infère, c'est-à-dire situé sous la fleur, au centre de laquelle on voit émerger seulement le style terminé par 3 stigmates pétaloïdes (fig. 188), semblables par la forme et la coloration aux pièces du périanthe et qu'à première vue on pourrait confondre avec elles. Ces stigmates sont situés en face des étamines, qu'ils recouvrent intérieurement.

L'ovaire est creusé de 3 loges, renfermant de nombreux ovules attachés sur l'axe. Il se transforme à maturité en une capsule, qui s'ouvre par 3 fentes longitudinales. Les graines ont un albumen.

L'Iris possède un rhizome souterrain donnant naissance à des feuilles aériennes étroites, en forme de glaive et à nervures parallèles (fig. 187).

Formule florale de l'Iris. — Les caractères d'une fleur d'Iris peuvent être résumés dans la formule suivante :

$$3S + 3P + 3E + \overline{(3)}C.$$

Diagramme de l'Iris. — Le diagramme est représenté par la figure 189. On y aperçoit les 3 stigmates pétaloïdes. En face des étamines, les sépales portent sur leur ligne médiane interne un bouquet de poils auxquels s'attache le pollen.

Caractères des Iridées. — Les caractères des Iridées sont à peu de chose près ceux de l'Iris. Fleurs régulières, périanthe à 6 divisions pétaloïdes, 3 étamines, ovaire infère à 3 loges à plusieurs ovules, surmonté d'un style et de 3 stigmates.

Les Iridées sont ordinairement des plantes à rhizome souterrain.

Principaux genres d'Iridées. — Iris, Safran, Glaïeul.

Propriétés et usages des Iridées. — Les Iridées sont principalement des plantes d'ornement. Ex. : Iris, Glaïeul, etc.

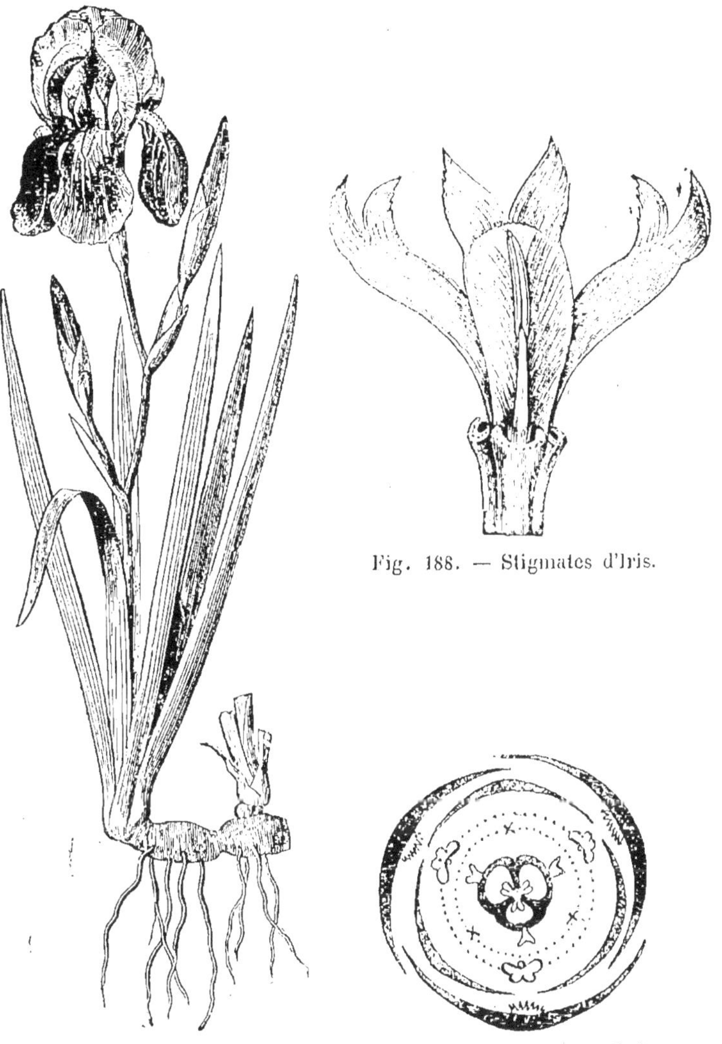

Fig. 187. — Iris.

Fig. 188. — Stigmates d'Iris.

Fig. 189. — Diagramme d'Iris.

Les stigmates du Safran sont peu développés; on en extrait une matière colorante jaune très vive.

QUINZIÈME LEÇON

Famille III. — LES ORCHIDÉES.

Type : l'Orchis. — L'Orchis pourpre se trouve communément en fleurs au mois de mai et de juin dans nos bois.

La fleur est irrégulière (fig. 190). Le périanthe se compose de 6 pièces pétaloïdes, inégales entre elles, dont 3 externes représentent les sépales et 3 plus internes les pétales. L'un de ces pétales est bien différent des autres : il est plus grand et s'étale en avant de la fleur en se prolongeant par un éperon : on lui donne le nom de *labelle* (fig. 190).

L'androcée se réduit à une seule étamine, dont l'anthère, à 2 loges, laisse échapper le pollen à maturité, non sous forme de grains séparés comme chez les autres plantes, mais sous forme de deux masses nommées *pollinies* (fig. 191). Le filet de l'étamine se soude au style pour former une pièce unique, le *gynostème*, qui émerge au centre de la fleur, prolongé par un stigmate trilobé.

L'ovaire est infère, situé sous la fleur, creusé d'une seule loge portant de nombreux ovules attachés sur 3 placentas pariétaux. Cet ovaire très long semble au premier abord le pédoncule de la fleur : il est tordu sur lui-même et cette torsion a pour résultat de ramener en avant et en bas le *labelle*, qui normalement devrait occuper la partie supérieure de la fleur (fig. 190).

Le fruit, qui succède à la fleur, est une capsule qui s'ouvre par 6 fentes longitudinales, mettant en liberté de très nombreuses graines très petites.

L'Orchis présente une tige aérienne portant les fleurs disposées en grappes et des feuilles à nervures parallèles (fig. 192). A la base de cette tige, on aperçoit, lorsqu'on arrache un pied d'Orchis, 2 tubercules formés par des racines latérales soudées entre elles. L'un de ces tubercules est ridé et petit, c'est celui de l'an dernier qui a reproduit la partie aérienne de la plante ; l'autre, gros et plein, s'est formé cette année par accumulation de réserves nutritives. A la mauvaise saison, tige aérienne et feuilles

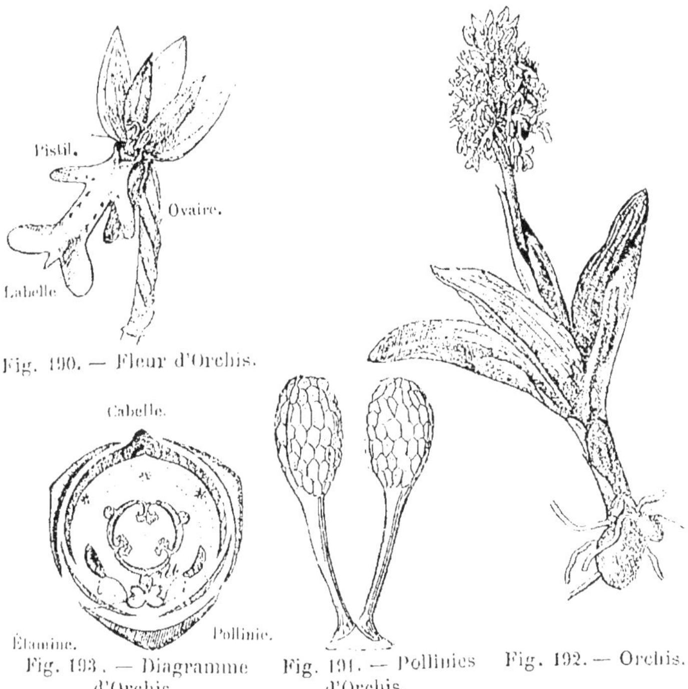

Fig. 190. — Fleur d'Orchis.

Fig. 193. — Diagramme d'Orchis.

Fig. 191. — Pollinies d'Orchis.

Fig. 192. — Orchis.

disparaîtront, et le nouveau tubercule passera l'hiver, pour reproduire la plante l'année prochaine.

Formule florale de l'Orchis. — La formule florale de l'Orchis est :

$$3S + 3P + 1E + \overline{(3)}C.$$

Diagramme de l'Orchis. — Le diagramme représenté par la figure 193 montre la disposition des diverses pièces florales.

Caractères des Orchidées. — Les Orchidées ont des fleurs irrégulières, affectant parfois les formes les plus étranges. Le périanthe est formé de 6 divisions pétaloïdes, dont l'une d'elles, le *labelle*, est très différente des 5 autres par sa forme et sa coloration. Une seule étamine soudée par son filet avec le style. Ovaire infère très allongé, tordu sur lui-même, creusé d'une seule loge à 3 placentas pariétaux.

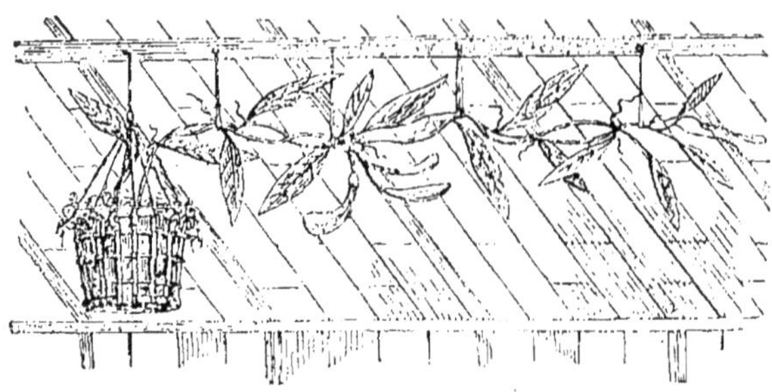

Fig. 191. Vanille cultivée en serre.

Le pollen est expulsé des deux loges de l'anthère en deux masses nommées *pollinies* (fig. 193).

Le pollen ne se présentant pas sous forme de grains pulvérulents, la pollinisation, c'est-à-dire le transport du pollen sur le stigmate, ne se ferait que difficilement, bien que les deux organes soient très rapprochés. Ce sont les insectes qui assurent le dépôt du pollen sur le stigmate, en venant butiner dans les fleurs pour prendre le nectar du labelle. Les pollinies échappées de l'anthère se collent sur le dos de l'insecte, qui, en allant visiter une autre fleur, les dépose sur le stigmate.

Classification des Orchidées. — Nous pouvons distinguer, au point de vue de leur genre de vie, deux groupes principaux parmi les Orchidées.

1° Les unes sont *terrestres*, c'est-à-dire vivent à la façon des plantes ordinaires, enfonçant sous terre leurs racines qui se renflent souvent en tubercules. Toutes nos Orchidées indigènes appartiennent à ce groupe.

Les deux genres principaux sont les *Orchis* et les *Ophrys*, dont on connaît de très nombreuses espèces. Les fleurs de ces plantes sont souvent très jolies, de formes bizarres et ont été comparées à des insectes auxquels elles ressemblent plus ou moins. C'est ce que rappellent les noms spécifiques d'*Ophrys mouche*, d'*Ophrys abeille*, d'*Ophrys araignée*, d'*Orchis papillon*, etc.

2° Le deuxième groupe d'Orchidées comprend des *Orchidées épiphytes* ou *épidendres*, qui, dans les forêts des pays tropicaux, vivent attachées à l'écorce des arbres, présentant de nombreuses racines aériennes à surface blanche et luisante.

Fig. 195. — Odontoglossum.

Propriétés et usages des Orchidées. — Les Orchidées utiles sont peu nombreuses : la plus importante à ce point de vue est la Vanille.

La *Vanille* (fig. 194) est une Orchidée grimpante, originaire du Mexique, et cultivée dans beaucoup de pays chauds pour son fruit qui donne un délicieux parfum. Ce fruit est une longue capsule désignée sous le nom de *gousse*.

Le *Salep* est une farine alimentaire, produite par les tubercules d'un *Orchis* de Perse et d'Asie Mineure.

Plusieurs Orchidées exotiques sont des plantes ornementales, fort en vogue aujourd'hui à cause de leurs fleurs aux formes étranges et aux bizarres et riches coloris.

Les meilleures espèces appartiennent aux genres *Cattleya*, *Dendrobium*, *Odontoglossum* (fig. 195), *Cypripedium*, etc.

Famille IV. — LES PALMIERS.

1er type : le Palmier éventail. — Le Palmier éventail appartient au genre *Chamérops* (fig. 196). C'est un arbre élevé, ayant pour tige un *stipe*, c'est-à-dire une tige ligneuse cylindrique, sans ramifications latérales ; toutes les feuilles

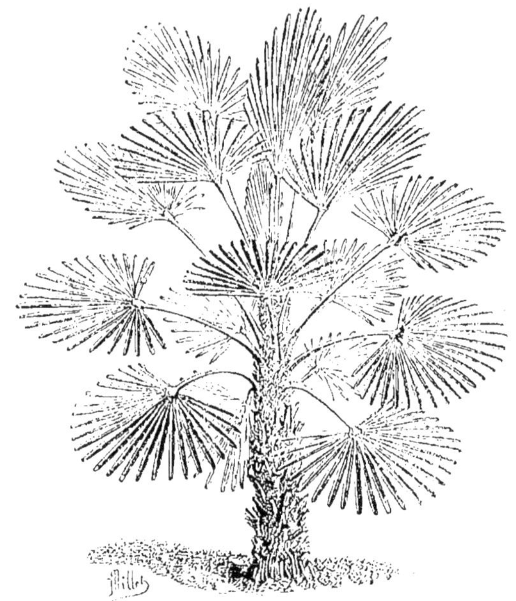

Fig. 196. — Chamérops.

sont groupées en un bouquet au sommet de la tige. Les feuilles sont *composées palmées* (p. 33) c'est-à-dire que les divisions du limbe y sont groupées comme les baguettes d'un éventail (fig. 196).

En réalité ces feuilles naissent simples, d'une seule pièce, et c'est en vieillissant, le limbe se découpant entre les nervures, qu'elles prennent l'aspect de feuilles composées.

Les fleurs du Palmier sont petites et nombreuses. Elles sont groupées en une sorte de grappe ramifiée, protégée par une large feuille nommée *spathe*; pareille inflorescence a reçu le nom de *régime* (Voy. p. 43). Les fleurs sont de deux sortes, groupées sur le même pied; la plante est donc monoïque. Il y a des fleurs complètes avec un périanthe à 6 divisions sépaloïdes, 6 étamines groupées en 2 verticilles et, au centre de la fleur, 3 carpelles soudés en un ovaire à 3 loges. A côté de ces fleurs hermaphrodites, sont

Fig. 197. — Dattier.

des fleurs mâles, semblables aux précédentes, mais dépourvues de pistil.

Chaque fleur à pistil se transforme en une baie et les fruits sont groupés en régime, comme les fleurs.

2° Type : le Dattier. — Le Dattier (fig. 197) présente des caractères à peu près identiques : la tige est un stipe. Les feuilles, primitivement simples, se découpent en vieillissant, mais ici elles sont *composées pennées*, les segments étant disposés régulièrement de chaque côté d'un axe médian.

Le Dattier est dioïque : sur les pieds mâles, on trouve des régimes de fleurs à 6 étamines, entourées d'un périanthe à 6 divisions ; sur les pieds femelles des régimes de fleurs femelles, dont l'ovaire à 3 loges est au milieu des 6 pièces du périanthe.

Les fruits, groupés en régime, se développent sur les pieds femelles, à la place des fleurs à pistil. Ce sont des fruits charnus nommés *dattes*.

La datte est une baie et non une drupe, comme on pourrait le croire au premier abord. Ce que l'on serait tenté de prendre pour un noyau est la graine, dont l'albumen corné est devenu très dur. On s'en rend parfaitement compte en essayant de casser ce prétendu noyau de datte : on voit tout de suite qu'il n'est pas creux.

Caractères des Palmiers. — Les Palmiers sont des plantes arborescentes, dont la tige est un stipe pouvant atteindre souvent de grandes hauteurs. Les feuilles, primitivement simples, deviennent bientôt composées par division, tantôt palmées comme chez le Chamérops, tantôt pennées comme chez le Dattier. Les fleurs sont petites et groupées en régime, ordinairement à sexes séparés; parfois cependant les fleurs hermaphrodites se mêlent aux fleurs mâles et femelles. Les étamines sont au nombre de 6 ou d'un multiple.

Le fruit est une baie comme la datte, ou une drupe comme la noix de coco, dont l'endocarpe ligneux renferme la graine. L'albumen laiteux de celle-ci constitue *le lait de coco*.

Les Palmiers sont des arbres des pays chauds, croissant la plupart en Amérique, moins nombreux en Asie et en Australie, plus rares en Afrique.

Le seul représentant européen de la famille des Palmiers est le *Chamerops nain*, ou *Palmier éventail*, qui croît à l'état sauvage sur les bords de la Méditerranée, en Espagne et en Italie. On le retrouve même en France, dans les environs de Nice.

Principaux genres de Palmiers. — 1° Palmiers à feuilles pennées : Aréquier, Céroxylon, Phytéléphas, Phénix (fig. 198), Dattier, Rotangs, Cocotier, etc.

2° Palmiers à feuilles en éventail : Corypha parasol ou Talipot, Chamérops, Copernicie à cire, etc.

Propriétés et usages des Palmiers. — Les Palmiers sont des plantes de première utilité pour l'homme; à eux seuls ils peuvent suffire à tous les besoins de la vie, et Linné leur a décerné pour cette raison le titre de *Princes du règne végétal.*

Fig. 198. — Phénix de la Promenade des Anglais, à Nice.

Leur bois, très dur, peut servir à la construction d'habitations, de meubles, d'ustensiles, de tuyaux de conduite, etc. Leurs feuilles se tressent et on peut en faire des toitures, des habits, des paniers. Les aliments produits par ces arbres sont nombreux : c'est tantôt le fruit que l'on mange (*datte*, *noix de coco*, etc.); ailleurs c'est le bourgeon terminal (*chou palmiste*) ou la moelle de la tige (*Sagou*). La sève sucrée de plusieurs espèces donne par fermentation le *vin de palme*. Du fruit de l'*Éléis*, on retire de l'huile. Certains palmiers (*Céroxylon*, *Copernicie*) laissent suinter de la cire de leur tronc. On trouve même de l'ivoire, ou du moins une substance pouvant en tenir lieu, dans la graine du *Phytéléphas* ou *arbre à ivoire*.

Les *Rotangs* sont des Palmiers de l'Asie, à tige très longue, pouvant atteindre jusqu'à 500 mètres, et s'étendant à la façon des lianes sur les arbres des forêts. C'est avec les tiges de ces Palmiers, appelés aussi *Palmiers-joncs*, qu'on fait les cannes estimées sous le nom de *rotins*.

Les Palmiers sont encore remarquables par leur port majestueux et la beauté de leur superbe feuillage. C'est l'ornement des forêts tropicales. Dans nos pays on les fait entrer dans la décoration des jardins et des places publiques dans le midi de la France (fig. 198). Plus au nord on les cultive en serres ou dans les appartements.

SEIZIÈME LEÇON

Famille V. — LES GRAMINÉES.

Type : le Blé. — La tige du Blé est cylindrique, creuse dans les entre-nœuds, pleine aux nœuds, qui sont renflés et régulièrement espacés. Cette tige est ce que l'on appelle un *chaume*. A sa base est un système radiculaire très abondant, formé de nombreuses racines latérales.

Les feuilles sont longues, plates, à nervures parallèles. Le limbe ne se continue pas par un pétiole, mais s'attache sur la tige par l'intermédiaire d'une gaine qui s'étend sur toute la longueur à peu près d'un entre-nœud et est fendue verticalement du côté opposé au limbe. Au point de jonction de la gaine et du limbe se dresse une petite languette foliacée, la *ligule* (fig. 199).

Les fleurs sont groupées en *épis composés* (fig. 200); c'est-à-dire en *épillets*, groupés eux-mêmes en épis au sommet de la tige.

Chaque épillet (fig. 201) est enveloppé de 2 bractées qu'on nomme les 2 *glumes* : entre celles-ci est l'axe de l'épillet, portant 3 ou 4 fleurs. Chacune de celles-ci est enfermée à l'intérieur de 2 bractées qui la recouvrent : ce sont les 2 *glumelles*. Les pièces dont se compose une fleur sont : les 2 *glumellules*, petites écailles représentant un périanthe rudimentaire, 6 étamines, un ovaire à une loge et à un seul ovule, surmonté de 2 styles à stigmates plumeux.

Le fruit est un *caryopse*, c'est-à-dire un fruit sec à une seule graine, dans lequel le tégument de la graine est soudé au péricarpe du fruit. La graine se compose d'un embryon reposant latéralement par son unique cotylédon sur un abondant albumen farineux (fig. 76, page 60).

Diagramme du Blé. — Le diagramme de la figure 202 résume les caractères de la fleur du Blé ; on y voit les 2 glumelles, les 2 glu-

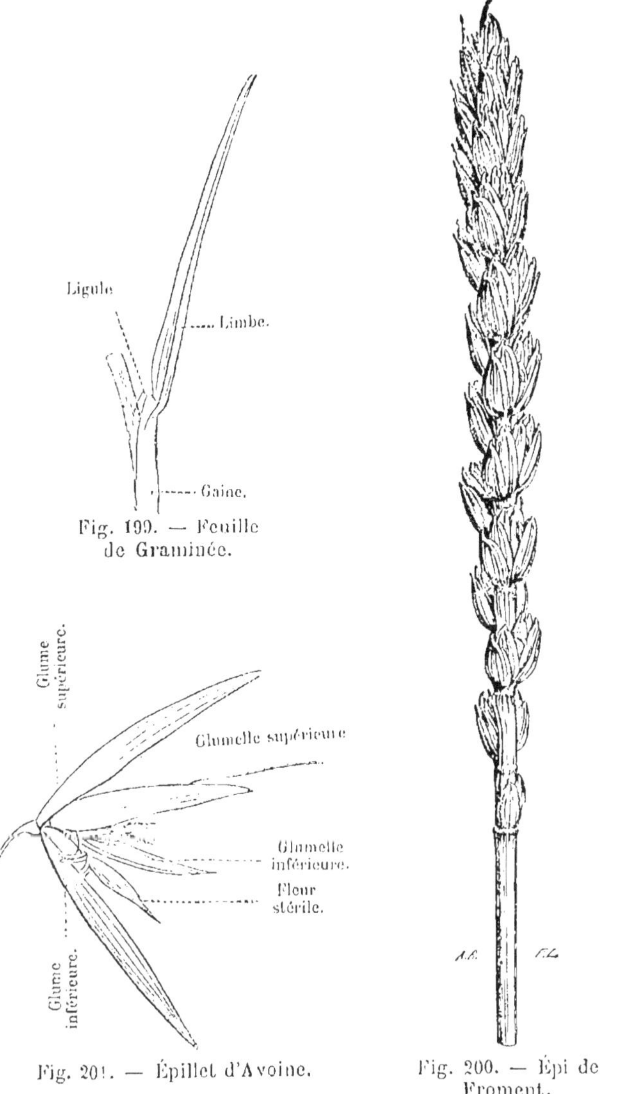

Fig. 199. — Feuille de Graminée.

Fig. 201. — Épillet d'Avoine.

Fig. 200. — Épi de Froment.

mellules (*Gl*), les 3 étamines (*Et*) et l'ovaire à une loge, portant latéralement 2 stigmates plumeux.

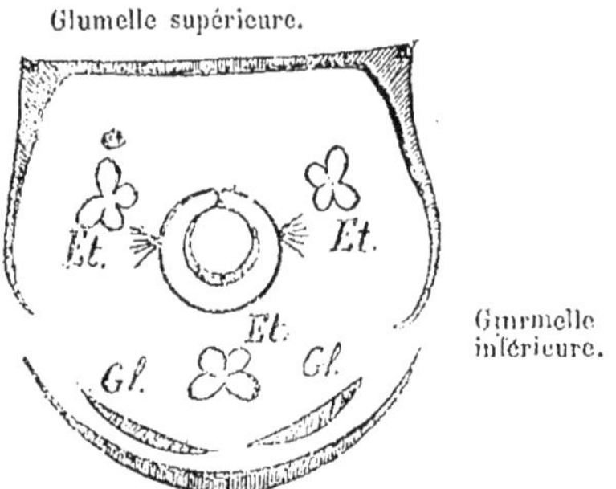

Fig. 202. — Diagramme d'une fleur de Graminée.

Caractères des Graminées. — Les Graminées forment une famille très vaste, présentant les caractères généraux suivants :

La tige est un chaume ; les feuilles ont une gaine fendue dans le sens de la longueur. Les fleurs sont groupées en épis composés (épis d'épillets) ou en grappes d'épillets. Chaque épillet est enfermé dans 2 glumes et chaque fleur dans 2 glumelles, qui représentent des bractées. Le périanthe est rudimentaire. Les étamines sont le plus souvent au nombre de 3. L'ovaire est unique, à un seul ovule et surmonté de 2 stigmates plumeux.

Propriétés et usages des Graminées. — Nous pouvons diviser les Graminées en 5 grands groupes d'après leur utilité.

1° Graminées alimentaires. — Ce sont celles dont les graines sont alimentaires pour l'homme, grâce à l'abondante réserve d'amidon contenue dans leur albumen. Ces Graminées ont reçu le nom de *Céréales*.

Ex. : Blé, Seigle, Orge, Avoine (fig. 203), Maïs, Riz.

Le *Blé* ou *Froment* donne la farine dont on fait le pain.

Le *Seigle* se distingue du Blé en ce que chaque épillet contient 2 fleurs fertiles et une stérile et que les glumelles sont prolongées par une arête. On fait avec ses graines du *pain de seigle*, qui, mélangé au miel et aromatisé, donne le *pain d'épices*.

L'*Orge* a les épillets groupés 3 par 3, la glumelle inférieure porte une longue arête. Les grains d'orge servent surtout à la fabrication de la bière : l'amidon de leur albumen se transforme d'abord en sucre, puis par fermentation en alcool.

Fig. 203. — Avoine

L'*Avoine* a ses épillets disposés en *panicules*, c'est-à-dire en grappes composées (fig. 203) ; ses grains servent surtout de nourriture aux chevaux.

Le *Maïs* ou *Blé de Turquie* a des fleurs mâles et des fleurs femelles séparées, au lieu d'avoir des fleurs hermaphrodites comme les autres Graminées. Les fleurs mâles sont en panicule au sommet de la tige et les fleurs femelles groupées plus bas à l'aisselle des feuilles.

Le *Riz* est caractérisé par ses 6 étamines; ses fruits constituent la principale nourriture des habitants de la Chine, de l'Inde et du nord de l'Afrique.

2° **Graminées fourragères.** — Dans ce groupe nous placerons toutes les Graminées qui forment les prairies naturelles et servent à la nourriture du bétail. A l'état frais elles constituent ce qu'on appelle l'*herbe* ou le *gazon* ; à l'état sec, le *fourrage* ou le *foin*.

A cette catégorie appartiennent les Fétuques, les Paturins, les Bromes, les Dactyles, les Flouves, etc.

3° **Graminées industrielles.** — Plusieurs Graminées sont exploitées dans l'industrie.

Ex. : Canne à sucre, Sorgho, Roseaux, Alfa, Bambous.

La *Canne à sucre*, originaire des Indes, importée dans tous les pays chauds de l'Afrique et de l'Amérique, contient, dans les entre-nœuds de son chaume ligneux, une moelle riche en sucre, que l'on exploite industriellement pour faire le *sucre de canne*. Par fermentation et distillation du jus sucré de la canne, on obtient le *rhum*.

Le *Sorgho* de Chine et d'Afrique produit également une assez grande quantité de sucre.

L'*Alfa* est une Graminée algérienne, dont les fibres textiles servent à faire des tissus, des cordes, du papier.

Les *Bambous* ont des tiges ligneuses, pouvant atteindre de grandes dimensions et servir aux constructions.

Famille VI. — LES CYPÉRACÉES.

Les *Cypéracées* forment une famille très voisine des Graminées, auxquelles elles ressemblent beaucoup par leur port. Elles s'en distinguent surtout par leur tige triangulaire et leurs feuilles à gaine non fendue.

A cette famille appartiennent les *Laiches* ou *Carex*, dont une espèce, la *Laiche des sables*, sert à fixer les sables des dunes par ses tiges rampantes.

Principales familles de la classe des MONOCOTYLÉDONES.

Fleurs à périanthe coloré.	Fleurs régulières.	Ovaire libre ; 6 étamines..	**Liliacées** (Lis).
		Ovaire adhérent ; 3 étamines.	**Iridées** (Iris).
	Fleurs irrégulières ; ovaire adhérent....		**Orchidées** (Orchis).
Fleurs petites, à périanthe verdâtre.	Arbres ayant pour tige un stipe........		**Palmiers** (Dattier).
	Plantes ordinairement herbacées, ayant pour tige un chaume, feuilles engainantes..........................		**Graminées** (Blé).

Classe III. — LES GYMNOSPERMES.

Caractères. — Les Gymnospermes sont des plantes à fleurs dont les carpelles ne se disposent pas de façon à former un ovaire clos, à l'intérieur duquel sont enfermés les ovules. Ceux-ci restent à découvert, à la surface des carpelles, et le pollen peut arriver directement à leur contact sans l'intermédiaire d'un stigmate.

Classification. — *La classe des Gymnospermes ne renferme qu'une seule famille intéressante* : celle des *Conifères*.

Famille I. — LES CONIFÈRES

Type : le Pin. — Le Pin est un arbre dont le tronc peut atteindre une grande hauteur. Sa tige s'accroît en épaisseur par des formations de bois et de liber secondaires semblables à celles que nous avons vu se produire chez les arbres Dicotylédones (p. 25).

Les feuilles sont minces et ont la forme d'aiguilles, à une seule nervure (*fig.* 204) : elles ne tombent pas à la mauvaise saison comme les feuilles des autres arbres de nos forêts, Chênes, Hêtres, Peupliers, etc. ; mais persistent pendant tout l'hiver. Ce n'est qu'après avoir duré plusieurs années, que les feuilles tombent et sont alors, au fur et à mesure, remplacées par de nouvelles. On dit que les feuilles du Pin sont *persistantes* ; que le Pin est un arbre *toujours vert*.

Les fleurs sont de deux espèces : des *fleurs mâles* et des *fleurs femelles*, portées d'ailleurs par le même arbre. Le Pin est donc *monoïque*.

Ces fleurs sont formées par la réunion d'un grand nombre de petites écailles groupées sur un axe commun, et dont l'ensemble forme une masse ovoïde, appelée *cône* ; d'où le nom de *Conifères*, donné à la famille. Ces cônes se montrent au printemps sur les jeunes rameaux (*fig.* 204).

Les cônes mâles sont de couleur jaunâtre. Les écailles qui les forment et qui représentent les *étamines*, portent sur leur face inférieure deux *sacs polliniques*, s'ouvrant par une fente longitudinale pour mettre le pollen en liberté.

Les grains de pollen sont jaunes et très petits ; si on les regarde au microscope, on les aperçoit munis latéralement de 2 petits

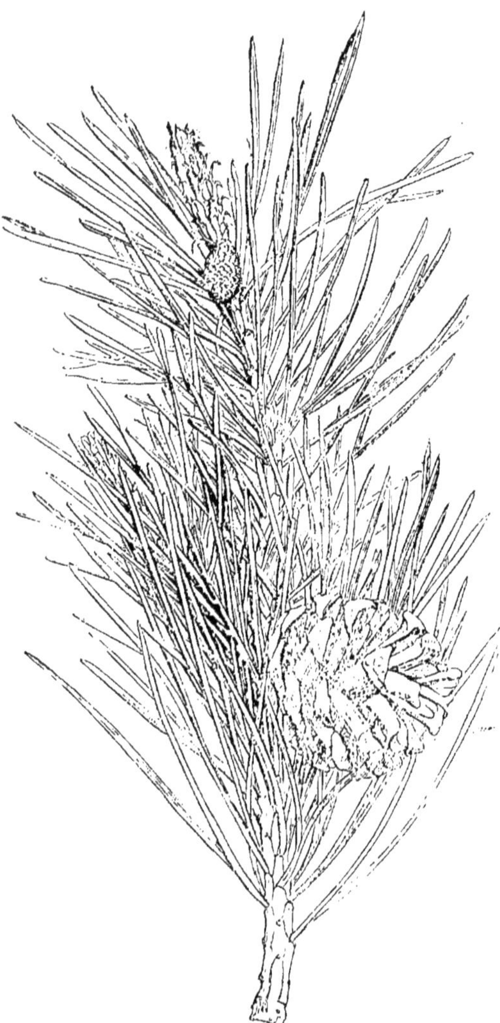

Fig. 204. — Pin Sylvestre.

ballonnets pleins d'air; cette disposition les rend plus légers et favorise leur dissémination par le vent. Quand on traverse au printemps une forêt de Pins ou de Sapins, on voit voler dans

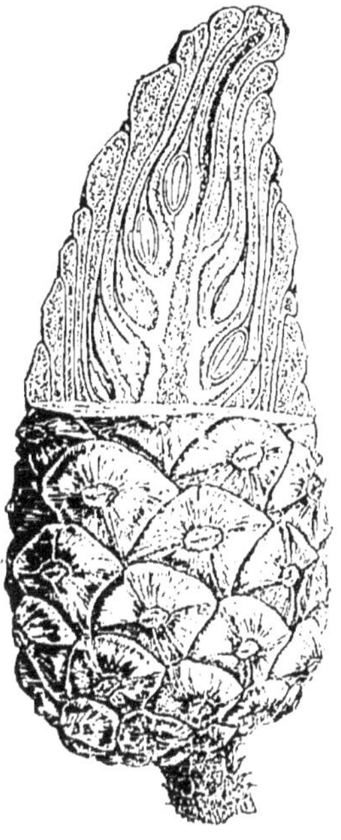

Fig. 205. — Cône coupé.

l'air une abondante poussière jaune, qui n'est autre chose que le pollen des arbres. C'est à ce phénomène qu'on donne le nom impropre de *pluie de soufre*.

Les cônes femelles sont rougeâtres; ils sont formés d'écailles minces, sur lesquelles on aperçoit, à la face supérieure, deux petites masses sphériques. Ce sont les carpelles portant les ovules, qui, comme on le voit, ne sont pas enfermés dans un ovaire clos, mais bien à découvert, à la surface des écailles carpellaires, de telle sorte que les grains de pollen peuvent être amenés directement au contact de ces ovules.

Lorsque la pollinisation a été effectuée, les ovules se transforment en *graines*. Pendant que les fleurs mâles se flétrissent et disparaissent, les cônes femelles grossissent pour donner le *cône* ou *pomme de Pin* (fig. 204 et 205). Les écailles carpellaires, primitivement minces, s'épaississent par leur bord libre extérieur et se pressent les unes contre les autres, de façon à ménager entre elles de petits espaces fermés, à l'intérieur desquels seront protégées les graines en attendant leur complète maturité (fig. 205). Lors de celle-ci, les écailles s'écartent l'une de l'autre, et laissent sortir les graines, qui sont emportées au loin par le vent grâce à une aile membraneuse dont chacune d'elles est munie.

La maturation des graines est très longue à se faire ; sur un même Pin, on peut apercevoir, outre les cônes de fleurs mâles, 3 sortes de cônes à la fois : 1° un cône de fleurs femelles de l'année ; 2° un cône de l'année dernière, où les ovules ont été pollinisés et sont en train de se transformer en graines, protégés par les écailles pressées les unes contre les autres; 3° un cône d'il y a 2 ans dont les écailles se sont écartées pour mettre les graines en liberté (fig. 204).

Caractères des Conifères. — Les Conifères sont des arbres à tige ligneuse ramifiée, à feuilles simples et petites, très souvent en forme d'aiguilles, à fleurs disposées en cônes, à graines souvent ailées et pourvues d'un albumen.

Classification des Conifères. — On peut diviser la famille des Conifères en 3 grandes tribus : les *Abiétinées*, les *Cupressinées* et les *Taxinées.*

Tribu I. — LES ABIÉTINÉES.

Caractères des Abiétinées. — Les *Abiétinées*, qui ont pour type le Pin, sont de grands arbres à tronc résineux, à feuilles étroites, en forme d'aiguilles, et dont le cône femelle est formé de nombreuses écailles.

Ex. : Pin, Sapin, Épicéa, Mélèze, Cèdre, etc.

Les *Pins* ont les feuilles groupées ordinairement 2 par 2 dans une petite gaine commune. Les écailles du cône fructifère sont épaisses, persistent à maturité en s'écartant les unes des autres. On connaît de nombreuses espèces de Pins : le Pin Sylvestre (fig. 204), le Pin maritime, le Pin de Corse, le Pin parasol (fig. 206), le Pin Cembro ou Pin Arole (fig. 207), etc.

Les *Sapins* ont les feuilles étroites étalées, dans un plan horizontal, de chaque côté des rameaux. Les écailles du cône fructifère tombent à mesure qu'elles s'écartent, si bien qu'il n'y a pas de *pomme de Sapin* comme il y a une *pomme de Pin.* La principale espèce est le *Sapin argenté* ou *Sapin pectiné*, très commun dans les Alpes, le Jura, les Vosges et la Forêt noire.

Fig. 206. — Pin parasol.

L'*Épicéa* ressemble beaucoup au Sapin, dont il se distingue surtout par ses cônes fructifères à écailles persistantes. Ce que l'on appelle vulgairement *pomme de Sapin* est donc une *pomme* d'*Épi-*

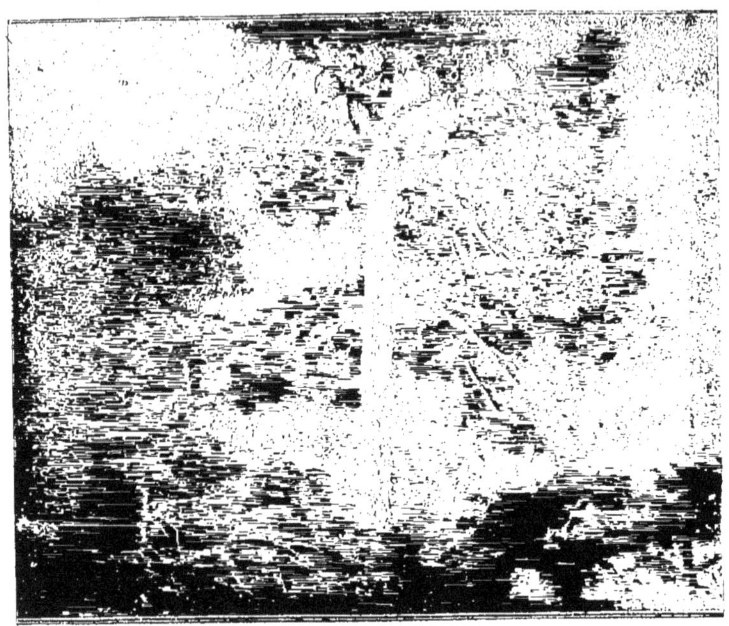

Fig. 207. — Arole à Champeix.
(D'après une photographie de M. Roger Baillière.)

céa. L'*Épicéa élevé* ou *Sapin épicéa* est un arbre des régions montagneuses du nord de l'Europe.

Le *Cèdre* est un grand arbre à branches étalées, à feuilles en aiguille, réunies en grand nombre sur de courts rameaux latéraux. Les cônes sont volumineux. Le *Cèdre du Liban* formait autrefois, en Asie Mineure, d'immenses forêts aujourd'hui détruites en grande partie.

Le *Mélèze* se distingue des autres Conifères par ses feuilles caduques, c'est-à-dire qui tombent tous les ans à l'hiver. Il croît sur les montagnes, à côté du Pin, et s'élève à 2000 mètres d'altitude.

Tribu II. — LES CUPRESSINÉES.

Caractères des Cupressinées. — Les *Cupressinées* sont des arbres ou des arbrisseaux à feuilles petites et persistantes, et à cônes femelles ne présentant qu'un fort petit nombre d'écailles (fig. 208).

Ex. : Cyprès, Thuya, Genévrier.

Fig. 208. — Cône de Cyprès. Fig. 209. — Rameau d'If.

Le *Cyprès* et le *Thuya* ont des feuilles très petites, en forme d'écailles, appliquées contre les rameaux.

Le *Genévrier* a les feuilles piquantes. Son cône fructifère devient charnu, formant ce qu'on appelle improprement les *graines de genièvre*, dont on extrait l'*eau-de-vie de genièvre* ou *gin*.

Tribu III. — LES TAXINÉES

Caractères des Taxinées. — Les *Taxinées* sont des arbres non résineux, à feuilles assez larges, ne présentant pas de cône fructifère. Celui-ci se réduit à une graine entourée d'une enveloppe charnue.

Ex. : If, Gingko, etc.

L'*If* a les feuilles en aiguilles, planes, persistantes, étalées horizontalement (fig. 209). Il est dioïque. Les pieds femelles portent des graines à tégument charnu, qui ressemblent à de petits fruits rouges et qu'on nomme improprement les *baies de l'If*.

Le *Gingko* ou *arbre aux quarante écus*, est un bel arbre, remarquable par ses feuilles larges et aplaties, en forme de cœur.

Propriétés et usages des Conifères. — Les Conifères sont des plantes très utiles pour l'homme, principalement par leur bois et la résine qui en découle.

Plusieurs sont cultivées comme plantes ornementales.

Division en classes de l'embranchement des PHANÉROGAMES.

Ovules enfermés à l'intérieur d'un ovaire clos (**ANGIOSPERMES**).	2 cotylédons à la graine; fleurs construites sur le type 5 ou 4; feuilles à nervures ramifiées, pennées ou palmées........................	**Dicotylédones.**
	1 seul cotylédon à la graine; fleurs construites sur le type 3; feuilles à nervures parallèles............	**Monocotylédones.**
Ovules nus, non enfermés dans un ovaire clos..............		**Gymnospermes.**

DIX-SEPTIÈME LEÇON

Embranchement II. — LES CRYPTOGAMES VASCULAIRES.

Les *Cryptogames* sont les plantes qui ne possèdent pas de fleurs et se reproduisent par un procédé différent. Parmi elles, il en est dont l'appareil végétatif est complet et ressemble tout à fait à celui des Phanérogames, se composant de racines, tige et feuilles, à l'intérieur desquelles circule la sève dans des vaisseaux. Ces Cryptogames forment le 2e embranchement du règne végétal sous le nom de *Cryptogames vasculaires* ou *Cryptogames à racines*.

Type : le Polypode. — Le Polypode est une Fougère de notre pays, très fréquente sur les rochers et sur les murailles.

Sa tige se réduit à un rhizome souterrain, sur lequel s'attachent, d'une part, de nombreuses racines latérales, d'autre part, des feuilles qui sortent de terre. Au début de leur développement, les feuilles sont enroulées en crosse à leur extrémité; dans la suite elles s'étalent en grandissant et présentent un limbe composé (fig. 210).

À la fin de l'été, si on regarde la face inférieure des feuilles, on aperçoit des taches d'abord vertes, puis brunes, auxquelles on donne le nom de *sores* (fig. 210). Ces taches sont formées par des amas de petits corps arrondis, qui sont autant de petits sacs, appelés *sporanges*. Lorsqu'ils sont

Sporange.

Spores.

Fig. 211. — Sporange mettant les spores en liberté.

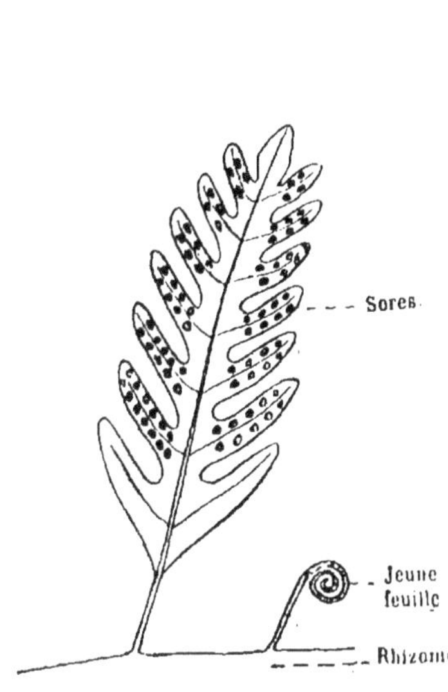

Fig. 210. — Feuille de Fougère.

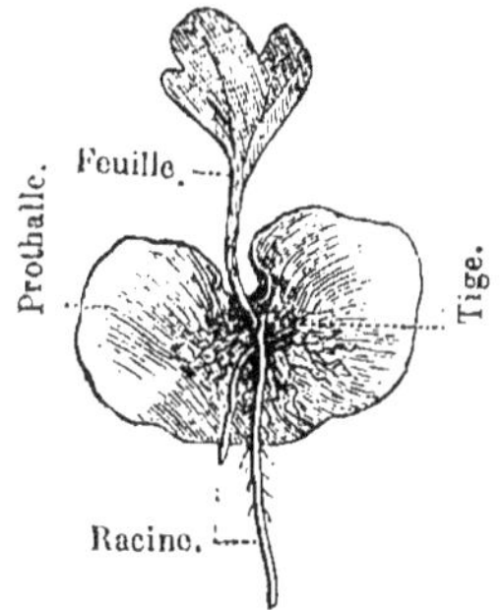

Fig. — 212. Prothalle sur lequel commence à se développer la Fougère.

mûrs, ces sporanges s'ouvrent en se déchirant et laissent alors sortir une poussière brune dont ils étaient remplis (fig. 211). Les grains qui forment cette poussière ont reçu le nom de *spores*.

Une spore est constituée par une cellule végétale (p. 5), c'est-à-dire par une simple masse de protoplasma entourée d'une membrane. C'est donc quelque chose de très différent de la graine des Phanérogames, dont la structure est beaucoup plus compliquée, puisqu'on y trouve l'embryon, petite plante déjà formée, composée d'une racine, d'une tige, d'un bourgeon et d'une ou deux feuilles.

Lorsqu'une spore, mise en liberté par un sporange, tombe sur la terre humide, elle y germe en donnant naissance au *prothalle* (fig. 212), petite plante d'organisation très simple, dont l'appareil végétatif se réduit à une petite lame verte, en forme de cœur, fixée au sol par de petits crampons qui jouent le rôle de racines.

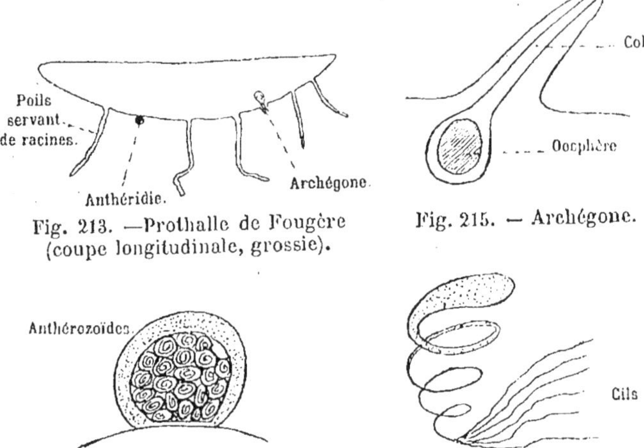

Fig. 213. — Prothalle de Fougère (coupe longitudinale, grossie).

Fig. 215. — Archégone.

Fig. 214. — Anthéridie.

Fig. 216. — Anthérozoïde.

C'est sur ce prothalle que va se développer une nouvelle Fougère. Sur ses bords, en effet, apparaissent des organes reproducteurs d'une taille très petite et qu'on ne peut apercevoir qu'avec l'aide du microscope (fig. 213).

Ces organes sont de deux sortes : les uns, nommés *anthéridies* (fig. 214), sont les organes mâles ; les autres, appelés *archégones* (fig. 215), sont les organes femelles.

Une *anthéridie* (fig. 214) est une sorte de petit sac qui s'ouvre pour mettre en liberté de petits corpuscules de protoplasma enroulés en spirale et terminés par une houppe de *cils vibratiles*, c'est-à-dire de prolongements très fins, animés de mouvements rapides ; on leur a donné le nom d'*anthérozoïdes* (fig. 216).

Une *archégone* (fig. 215) est formée par une sorte de bouteille à long col, au fond de laquelle est une petite masse arrondie, l'*oosphère*.

Le prothalle se développe toujours dans un endroit humide. Dans les gouttes d'eau qui le recouvrent, les anthérozoïdes, mis en liberté, nagent au moyen des mouvements de leurs cils. Si l'un d'eux vient à rencontrer le col d'un archégone, il y pénètre et vient se fusionner avec l'oosphère, qui par ce fait devient un *œuf*.

L'œuf, en germant sur le prothalle lui-même (fig. 212), donne une Fougère, semblable à celle qui avait produit la spore d'où est sorti le prothalle.

Caractères des Cryptogames vasculaires. — Le mode de reproduction que nous venons d'étudier chez une Fougère, se retrouve, à quelques détails près, chez toutes les Cryptogames vasculaires. Il peut donc servir à caractériser cet embranchement.

La reproduction chez ces végétaux se fait donc par deux phases successives :

La plante proprement dite, munie de feuilles, a pour organes reproducteurs des *spores*, qui, en germant, produisent une forme intermédiaire, dépourvue de feuilles, le *prothalle*. Celui-ci, à son tour, par la fusion d'un anthérozoïde et d'une oosphère, donne naissance à un *œuf*, qui, en germant, reproduit la plante primitive.

Classification. — L'embranchement des Cryptogames vasculaires comprend 3 classes principales : les *Fougères*, les *Prêles*, les *Lycopodes*.

Classe I. — LES FOUGÈRES.

Les Fougères de nos pays sont toutes des plantes herbacées, à tiges souterraines, dont les feuilles seules sortent de terre. Ces feuilles, enroulées en crosse dans leur jeune âge, s'étalent en grandissant et sont ordinairement très découpées. Dans les pays chauds, les Fougères deviennent arborescentes et affectent un port comparable à celui des Palmiers.

Parmi les principales Fougères de nos pays, citons le *Polypode vulgaire*, la *Grande Fougère à l'Aigle*, si commune dans les bois, la *Capillaire*, dont les pétioles des feuilles sont fins comme des cheveux, etc.

Classe II. — LES PRÊLES.

Les *Prêles* (fig. 217) sont des plantes de marécages, dont la tige creuse est formée d'articles emboîtés les uns dans les autres et portant chacun à la base un verticille de feuilles. Les rameaux sont également articulés et disposés en verticilles.

La reproduction est semblable à celle des Fougères, mais les sporanges sont portés sur des rameaux spéciaux qui se

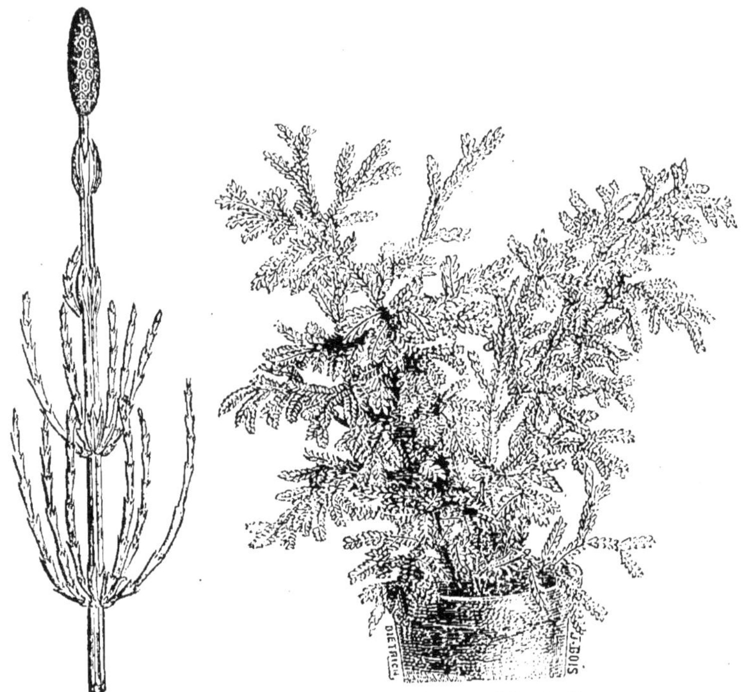

Fig. 217. — Rameau de Prêles.

Fig. 218. — Sélaginelle.

terminent par une sorte de massue, formée de petits écussons sous lesquels sont attachés les sacs à spores.

Classe III. — LES LYCOPODES,

Les *Lycopodes* sont de petites plantes ressemblant un peu extérieurement à des Mousses. Les sporanges sont groupés en épis à l'extrémité de branches spéciales.

Exemple : Les Lycopodes et les Sélaginelles (fig. 218).

Les *Lycopodes* et les *Prêles*, qui vivent actuellement, sont de taille assez réduite. A l'époque géologique où s'est formée la houille, ces végétaux étaient représentés sur terre par de grandes espèces, dont on retrouve les empreintes dans la houille à l'état fossile.

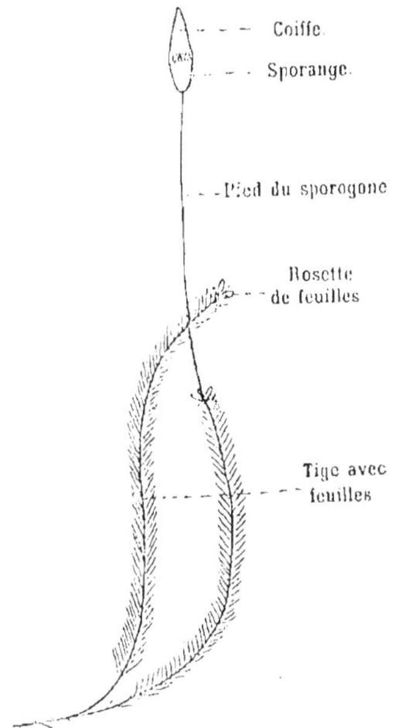

Fig. 219. — Mousse avec sporogone.

Embranchement III. — LES MOUSSES.

L'embranchement des *Mousses* comprend des Cryptogames dépourvues de racines, dont l'appareil végétatif se réduit à une tige et à des feuilles.

Type : Le Polytric. — Le Polytric est une mousse, abondante dans les bois, au printemps, sur les terrains sablonneux.

A l'extrémité de la tige, se trouve une rosette de feuilles (fig. 219), au centre de laquelle sont de petits organes, tout à fait comparables à ceux que nous avons trouvés sur le prothalle d'une Fougère. Comme eux, ils sont très petits et visibles seulement au microscope. On leur donne les mêmes noms : les uns sont des *anthéridies*, les autres des *archégones*.

Le Polytric est dioïque, c'est-à-dire que certains pieds sont mâles et ne portent que des anthéridies, tandis que d'autres sont

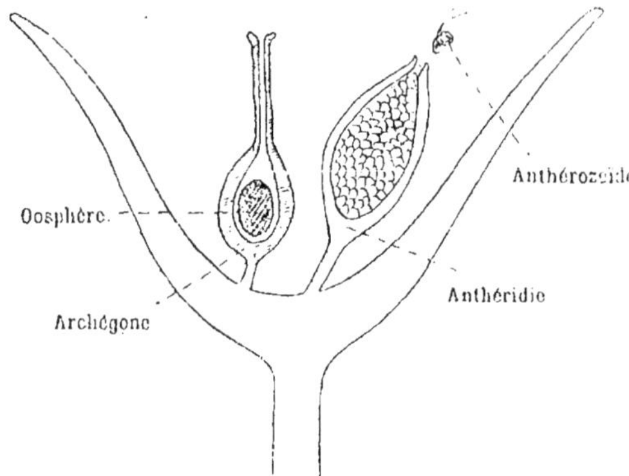

Fig. 220. — Extrémité d'une tige de Mousse, grossie.

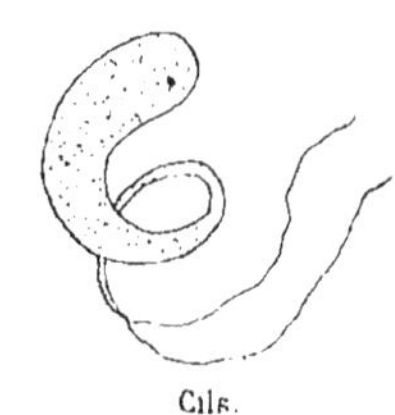

Fig. 221. — Anthérozoïde de mousse.

femelles et n'ont que des archégones. Chez d'autres Mousses, comme dans le genre *Bryum* par exemple, anthéridies et archégones sont groupés dans la même rosette (fig. 220).

Une anthéridie est un sac qui s'ouvre et met en liberté des anthérozoïdes. Ceux-ci, chez les Mousses, ont la forme d'une spirale terminée par deux longs cils vibratiles (fig. 221).

Une archégone a la forme d'une bouteille à long col, renfermant une oosphère.

Si un anthérozoïde, nageant au moyen de ses cils vibratiles, pénètre dans le col d'un archégone, il arrive jusqu'à l'oosphère et de la fusion de ces 2 organes naît un *œuf*.

L'œuf germe sur place, à l'extrémité de la tige feuillée, là où était l'archégone. Il donne naissance, non à une Mousse, mais à une tige dépourvue de feuilles, terminée par une sorte d'urne close, nommée *sporange*, recouverte d'une *coiffe* protectrice (fig. 219). L'ensemble du sporange et de son pied forme ce qu'on appelle le *sporogone*.

Lorsqu'il est mûr, le *sporange* s'ouvre en laissant tomber d'abord sa coiffe, puis en soulevant une sorte de couvercle dit *opercule*. Il en sort alors des *spores* qui se répandent sur la terre humide.

Une spore, en germant, donne naissance à un filament vert, qui se ramifie à la surface du sol, et qu'on appelle *protonema*. Sur ce protonema, bourgeonne bientôt une nouvelle Mousse identique à celle qui avait produit le sporogone.

Caractères des Mousses. — La reproduction se fait d'une façon analogue chez toutes les Mousses, par deux phases successives.

La mousse donne par fusion d'un anthérozoïde et d'une oosphère, un œuf qui, en germant, produit une forme intermédiaire, le sporogone. Celui-ci à son tour donne des spores, dont sortira de nouveau la Mousse primitive.

Si l'on compare ce mode de reproduction à celui des Cryptogames vasculaires, on voit qu'il y a beaucoup de rapports entre ces deux embranchements. Chez la Mousse, comme chez la Fougère, il y a deux états qui alternent, l'un de plante avec des feuilles, l'autre très simple et constituant une forme intermédiaire.

La figure 222 indique l'alternance des générations pour les deux embranchements des Cryptogames vasculaires et des Muscinées.

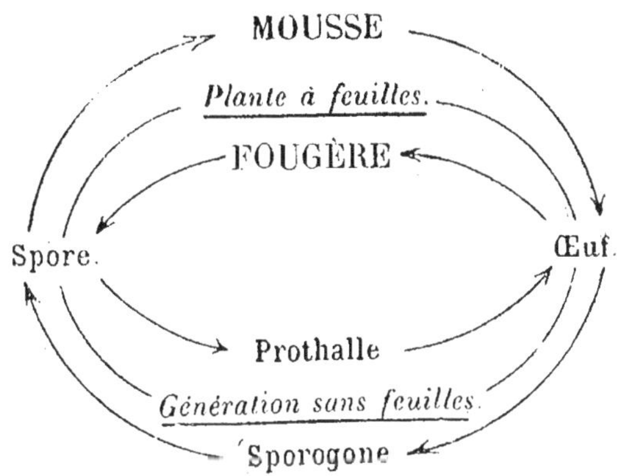

Fig. 222. — Schéma de l'alternance des générations, chez les Fougères et chez les Mousses.

DIX-HUITIÈME LEÇON

Embranchement IV. — LES THALLOPHYTES.

Caractères des Thallophytes. — Les *Thallophytes* sont les plus simples de tous les végétaux. Leur appareil végétatif, de forme très variable, ne peut être divisé en racines, tige et feuilles, et leurs tissus ne renferment jamais ni vaisseaux ni fibres. Il a la même structure dans toutes ses parties et est formé de cellules toutes identiques; on lui donne le nom de *thalle*.

Classification. — On distingue trois classes dans cet embranchement : les *Algues*, les *Champignons* et les *Lichens*.

Classe I. — LES ALGUES.

Caractères des Algues. — Les Algues sont toutes des plantes aquatiques, vivant dans l'eau de mer ou l'eau douce, ou tout au moins dans un air très humide.

Elles sont toujours *pourvues de chlorophylle*, ce qui leur permet d'assimiler directement du carbone (Voy. p. 39).

Le thalle des Algues est de forme assez variable. Les plus simples sont réduites à des cellules isolées; d'autres ont la forme de filaments, de chapelets ou de lames foliacées très minces, parfois assez grandes. Chez d'autres Algues, le thalle est plus compliqué, et il semblerait, à l'aspect extérieur, que l'on puisse y distinguer des parties analogues à celles des végétaux plus élevés, c'est-à-dire des racines, des tiges et des feuilles.

C'est là une simple apparence et si l'on regarde la structure nterne de ces prétendus organes, on voit qu'elle est partout la même. Au point de vue de la structure interne il n'y a pas de tissus différents dans l'appareil végétatif, qui est donc bien constitué par un thalle.

Appareil reproducteur des Algues. — Les Algues se reproduisent soit par *spores*, soit par *œufs* :

1° Dans le premier cas, le thalle donne naissance à de petits corpuscules microscopiques, qui se détachent et peuvent germer en donnant une nouvelle Algue. Ce sont des *spores*, qui représentent une cellule végétale isolée. Parfois, la spore est munie de prolongements mobiles (*cils vibratiles*) ; elle peut alors se déplacer dans l'eau en nageant et porte le nom de *zoospore ;*

2° Un *œuf* est le résultat de la fusion de deux cellules du thalle de l'Algue, qui se réunissent pour former une cellule unique, assez semblable à une spore, mais d'origine bien différente. L'œuf, en germant, reproduit une Algue semblable à celle qui l'a formé.

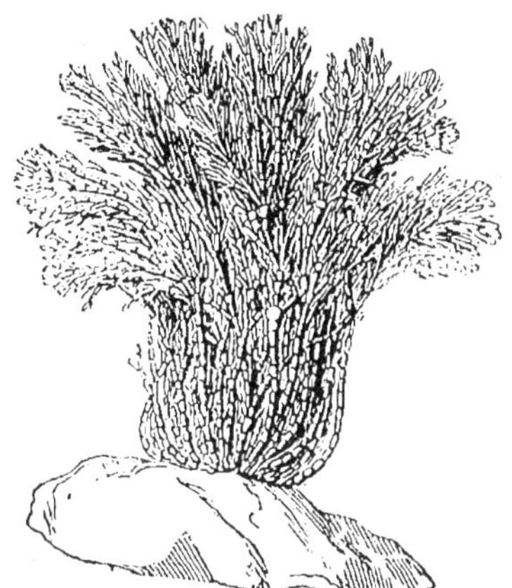

Fig. 223. — Coralline.

La différence essentielle entre une spore et un œuf est que la spore est une cellule du végétal, qui, à elle toute seule, sans le secours d'aucune autre, peut reproduire la plante primitive, tandis que l'œuf est le résultat de la fusion de deux cellules distinctes, semblables ou dissemblables.

Les Algues se reproduisent par spores ou par œufs, mais il n'y a pas ici l'alternance de générations observée dans les deux embranchements précédents. L'œuf ou la spore reproduisent directement la plante dont ils sont sortis.

Classification. — On peut grouper les Algues, d'après leur coloration, en quatre ordres : les *Algues rouges*, les *Algues brunes*, les *Algues vertes*, les *Algues bleues*.

En effet, bien que toutes les Algues possèdent de la chlorophylle, la couleur verte est souvent masquée par la présence de matières colorantes brunes, rouges ou bleues, contenues dans le thalle.

Ordre I. — LES ALGUES ROUGES.

Caractères. — Les Algues rouges sont toutes marines et vivent à une assez grande profondeur.

Principaux genres. — Porphyra, Coralline, etc.

Les *Porphyra* sont de grandes lames foliacées très minces.

Les *Corallines* (fig. 223) ont le thalle imprégné de calcaire et ont un peu l'aspect d'une branche de corail.

Ordre II. — LES ALGUES BRUNES.

Caractères. — Les Algues brunes sont presque toutes marines; quelques-unes seulement habitent les eaux douces.

Principaux genres. — Varecs ou Fucus, Laminaires, Sargasses, Diatomées, etc.

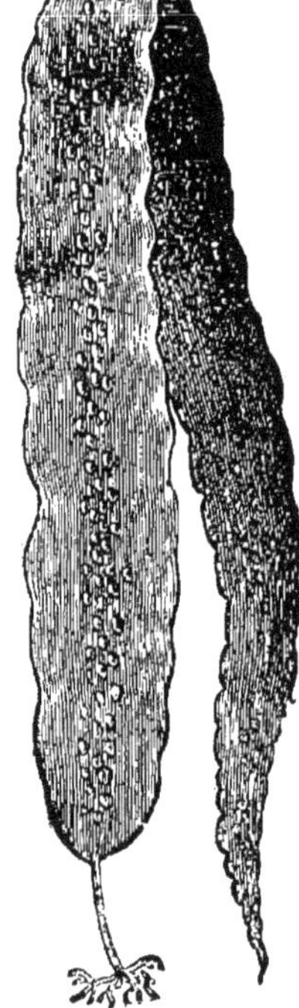

Fig. 224. — Laminaire.

Sous le nom de *Varec* ou *Goemon*, on désigne des Algues du genre *Fucus*, très communes sur nos côtes. L'espèce la plus connue est le *Varec vésiculeux* ou *Raisin de mer*, dont le thalle ramifié présente des ampoules pleines d'air formant flotteurs.

Les *Sargasses* flottent à la surface des mers tropicales où elles couvrent des espaces considérables (*mer des Sargasses*).

Le *Macrocystis* est une Algue des mers chaudes, dont le thalle peut atteindre plusieurs centaines de mètres de longueur.

Les *Laminaires* (fig. 224) sont de robustes algues brunes, ressemblant à de longs rubans fixés solidement aux rochers. Les Laminaires vivent sur nos côtes, sous les eaux de la mer, et ne se découvrent qu'aux grandes marées.

Les *Diatomées* sont des Algues d'eau douce, dont le thalle se compose de cellules distinctes, enfermées dans une carapace solide de silice ressemblant à une boîte avec son couvercle. Ce sont ces carapaces, qui, accumulées pendant longtemps au fond des eaux, ont formé d'importants dépôts de *tripoli*.

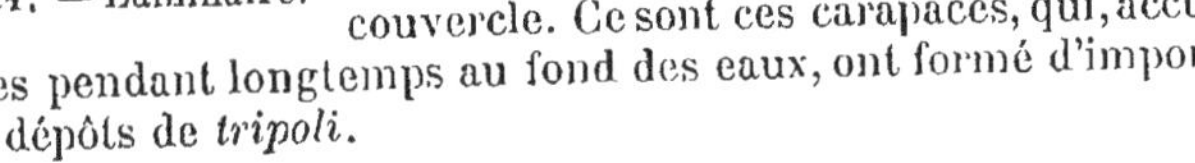

Ordre III. — LES ALGUES VERTES.

Caractères. — Les Algues vertes ne renferment que de la chlorophylle, sans autre matière colorante.

Principaux genres. — Protococcus, Conferve, Spirogyre, Ulve, etc.

Les *Protococcus* se présentent sous la forme de petites cellules vertes colorées. Ils sont très abondants dans la nature et forment ces taches vertes que l'on aperçoit sur les murs, les troncs d'arbres, les rochers humides, etc.

Les *Conferves* ont l'aspect de filaments très fins, enchevêtrés, qui flottent à la surface des mares, des bassins, et autres eaux sans écoulement.

Les *Spirogyres* ressemblent beaucoup aux précédentes, mais la chlorophylle y est disposée en bandes spiralées, à l'intérieur des cellules.

Les *Ulves* sont de grandes feuilles minces, d'un beau vert clair, que l'on rencontre dans la mer.

Ordre. IV — LES ALGUES BLEUES.

Caractères. — Ce sont les plus simples de toutes les Algues; leur thalle vert bleuâtre est formé de filaments ou de cellules isolées. Elles sont peu abondantes et se rencontrent dans les eaux douces.

Principal genre. — Nostoc.

Les *Nostocs* forment des masses gélatineuses de cellules, sur le sol humide des allées passagères.

LES BACTÉRIES.

A l'ordre des Algues bleues, on rattache la grande famille des BACTÉRIES, qui renferme les êtres vivants microscopiques connus sous le nom de *Microbes*.

Les *Microbes* sont de petits êtres vivants, microscopiques, réduits à une seule cellule. On les range parmi les végétaux, quelques-uns dans la classe des Champignons, mais le plus grand nombre parmi les Algues, dans la famille des Bactéries. Suivant leur forme, on leur donne le nom de *Bactérie*, *Bacille*, *Vibrion*, etc.

Parmi les Microbes, il en est qui sont pour nous des ennemis : ce sont ceux qui en se développant dans nos tissus y causent de redoutables maladies. C'est ainsi que le tétanos (fig. 225), le choléra (fig. 226), la fièvre typhoïde (fig. 227), la grippe (fig. 228), la pneumonie (fig. 229), la diphtérie (fig. 230), pour ne parler que des plus graves, sont dues à des Bactéries, dont on peut déceler la présence par des préparations microscopiques (fig. 225 à 230).

Cependant tous les Microbes ne sont pas nuisibles : il en est heureusement aussi d'indifférents et même d'utiles.

Parmi ceux-ci nous devons signaler le Microbe dont la présence est indispensable pour la préparation du vinaigre, et surtout le *Bacille amylobacter*, qui préside dans le sol à la décomposition des matières organiques.

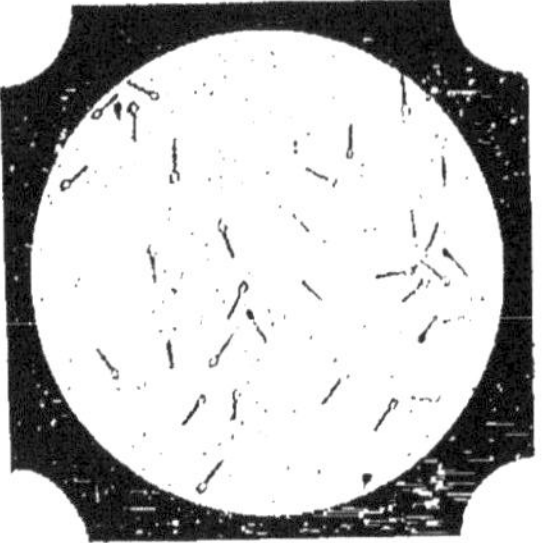

Fig. 225.
Bacille du Tétanos.

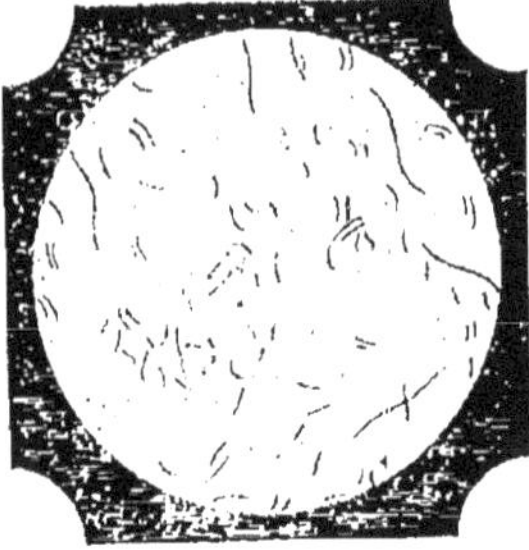

Fig. 226.
Vibrion du Choléra.

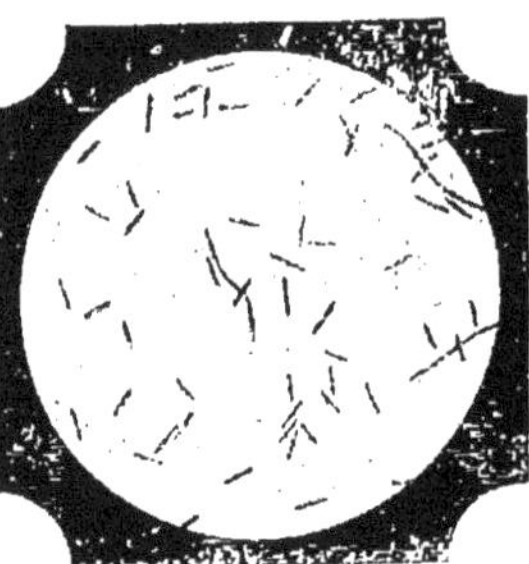

Fig. 227.
Bacille de la Fièvre typhoïde.

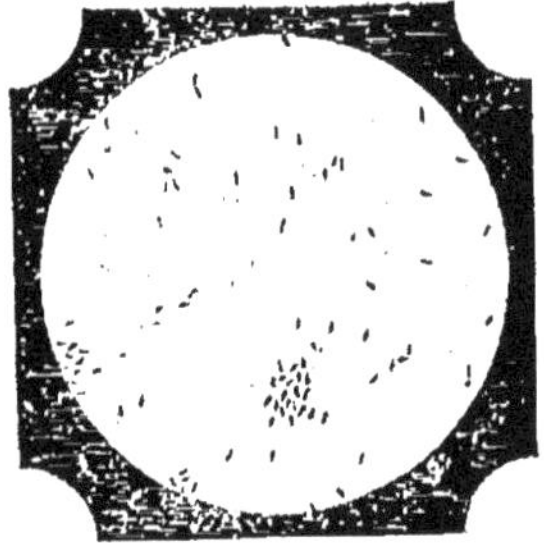

Fig. 228.
Bacille de la Grippe.

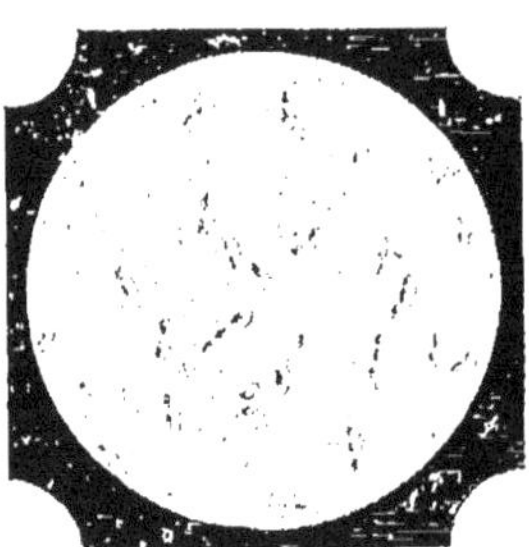

Fig. 229.
Microbe de la Pneumonie.

Fig. 230.
Bacille de la Diphtérie.

Fig. 225 à 230. — Microbes des principales maladies (d'après des photographies de M. le Dr Besson).

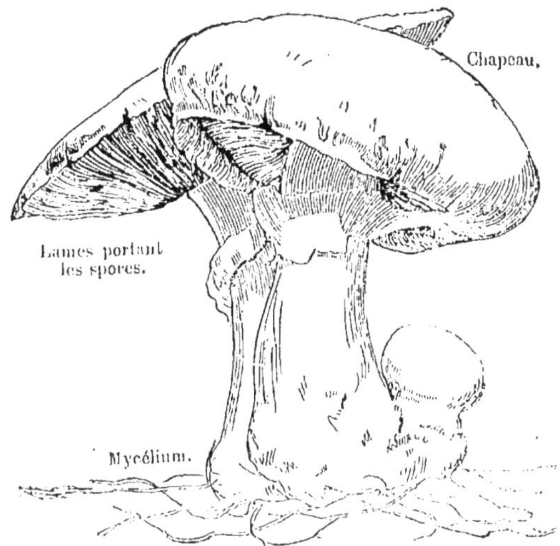

Fig. 231. — Champignon de couche.

Fig. 232. — Vesses de loup.

Classe II. — LES CHAMPIGNONS.

Caractères. — Les *Champignons* sont des Thallophytes dépourvus de chlorophylle; ils ne peuvent donc pas assimi-

Fig. 233. — Champignons comestibles. — A gauche, l'Agaric de Provence et l'Oronge vraie; au milieu, l'Agaric violet et le Champignon de couche; à droite, la Cocherelle ou Potiron, et le Mousseron.

ler directement le carbone qui leur est nécessaire et doivent l'emprunter à des matières organiques qui en contiennent déjà. Aussi les Champignons sont-ils des plantes parasites (Voy. p. 40).

On distingue les *Champignons parasites* proprement dits, qui se développent sur des êtres vivants, et les *Champignons saprophytes*, qui se développent sur le fumier, sur les cadavres, etc.

Les Champignons se reproduisent, comme les Algues, par spores et par œufs.

Classification des Champignons. — On peut distinguer quatre ordres dans la classe des Champignons : les *Champignons à chapeau;* les *Champignons à asques;* les *Champignons parasites* et les *Moisissures.*

Fig. 234. — Champignons comestibles. — A gauche, l'Hydne, la Calvaire, la Truffe; au milieu, l'Helvelle et la Chanterelle; à droite, la Morille et le Cèpe ou Bolet comestible.

Ordre I. — LES CHAMPIGNONS A CHAPEAU.

Type : Champignon de couche. — Considérons un Champignon de couche (fig. 231), qui vit dans le fumier. A l'intérieur de celui-ci, se trouve le thalle, formé de filaments blancs, ramifiés, enchevêtrés; c'est le *mycélium*. Sur celui-ci, de place en place, se développe l'appareil à *spores*, le *chapeau;* c'est ce chapeau qu'on appelle vulgairement du nom de *champignon*; le mycélium est alors appelé *blanc de champignon*.

Le chapeau est porté sur un pied; à sa face inférieure se trouvent des lamelles rayonnantes (fig. 231), et, si on regarde

Fig. 235. — Champignons vénéneux. — A gauche, groupe de quatre Fausses Oronges tachetées; au milieu, l'Amanite vénéneux et à côté l'Agaric vénéneux; à droite, le Bolet bleuissant, l'Agaric caustique et l'Agaric émétique.

celles-ci au microscope, on voit qu'elles renferment les *spores*. En faisant germer ces spores dans du fumier, on obtient un nouveau mycélium.

Principaux genres de Champignons à chapeau. — Agaric, Bolet, Vesse de loup, etc.

Les *Agarics* ont les spores disposées sur des lames rayonnantes à la face supérieure du chapeau. Il existe plus de deux mille espèces du genre Agaric, auquel appartient le Champignon de couche (fig. 231).

Les *Bolets* ont les spores disposées dans de petits tubes placés à la surface inférieure du chapeau. Les *Cèpes* appartiennent à ce genre.

Les *Vesses de loup* (fig. 232) ont la forme de sacs renfermant les spores. Si on presse un de ces Champignons parvenu à maturité, les spores sortent sous forme d'une fine poussière par une mince ouverture à la partie supérieure.

Propriétés et usages des Champignons. — Plusieurs Champignons sont comestibles et constituent un excellent aliment, très nourrissant et d'un goût fort agréable ; c'est l'appareil reproducteur, ou chapeau, que l'on mange.

Malheureusement, à côté des Champignons comestibles (fig. 233 et 234), il existe des Champignons vénéneux (fig. 235), dont quelques-uns sont très dangereux. Aussi, ne doit-on manger de Champignons que lorsqu'on les connaît bien et que l'on est capable de les déterminer, ce qui est d'ailleurs assez facile à apprendre au moyen d'ouvrages spéciaux.

Il importe de bien savoir qu'il n'y a pas de procédé pratique, permettant de distinguer les bons Champignons des mauvais. En particulier, l'épreuve de la pièce d'argent, qui noircit au contact des Champignons vénéneux, ne peut donner aucune certitude. Il en est de même des autres procédés qui ont été recommandés et il faut, sous peine de courir les plus grands dangers, avoir recours aux caractères botaniques pour la détermination des Champignons.

Ordre II. — LES CHAMPIGNONS A ASQUES.

Caractères. — Les spores sont enfermées dans de petits sacs clos, nommés *asques*.

Principaux genres. — Morille, Truffe.

La *Morille* (fig. 234) est un excellent Champignon comestible.

La *Truffe* (fig. 234) se présente sous la forme d'un tubercule souterrain, à l'intérieur duquel sont les spores dans les asques. C'est un aliment d'un goût et d'un parfum très délicats.

Ordre III. — LES CHAMPIGNONS PARASITES.

Principaux genres. — Rouille du Blé, Oïdium, Mildew, etc.

L'*Oïdium* et le *Mildew* ou *Mildiou* sont deux Champignons, qui s'attaquent à la Vigne. Leur thalle se développe dans les tissus de la plante.

Le *Blanc du Chou* est également causé par un Champignon parasite.

La *Rouille du Blé* est une maladie du Blé, due à un Champignon qui se développe dans les feuilles. Les spores de ce Champignon ne peuvent germer sur les feuilles de Blé, mais elles germent sur les feuilles d'un petit arbrisseau appelé l'*Épine Vinette*, où elles reproduisent un nouveau Champignon. Celui-ci donne des spores qui, en germant sur des feuilles de Blé, y reproduiront la Rouille. On voit donc que, si on éloigne d'un champ de Blé tout pied d'Épine Vinette, on préservera celui-ci de la maladie.

Ordre IV. — LES MOISISSURES.

Plusieurs Champignons, dont le thalle est entièrement simple, forment, par leur *mycelium*, ce qu'on appelle des *moisissures*.

Ex. : la *Moisissure blanche*, qui se développe un peu partout, sur le pain humide, le cuir des vieux souliers, etc.; la *Moisissure verte*, qui se forme à la surface des pots de confiture mal fermés, etc.

Ce sont les spores de ces Champignons qui sont apportées par l'air et qui, en germant, reproduisent ces moisissures en apparence spontanées.

Classe III. — LES LICHENS.

Caractères. — Les *Lichens* (fig. 236) sont des Thallophytes que l'on rencontre sur les rochers, sur l'écorce des arbres, sur les murs, sur le sol, en forme de plaques, de croûtes ou d'arborescences de diverses formes. Ex. : la Parmélie des murailles (fig. 236).

Ce sont des végétaux formés par l'association d'une Algue et d'un Champignon. On y trouve, en effet, des filaments blancs et de petites granulations vertes.

Cette association permet au Lichen, grâce à la présence de l'Algue, d'assimiler le carbone au moyen de la chlorophylle et, grâce à la présence du Champignon, de résister à la sécheresse.

Une pareille association entre deux êtres vivants, où chacun profite de la présence de l'autre, a reçu le nom de *symbiose*. C'est une association dans le genre de celle de l'Aveugle et du Paralytique de la fable.

Les Lichens jouent un rôle fort important dans la nature. Grâce à l'association de l'Algue et du Champignon, ils constituent les premiers Végétaux qui peuvent apparaître sur un sol stérile, tel qu'un récif émergé, un rocher éboulé ou une pierre. Aucun germe ne pourrait y vivre, faute de terre végétale, ni plante à fleur, ni Mousse. Un Champignon n'y trouverait pas

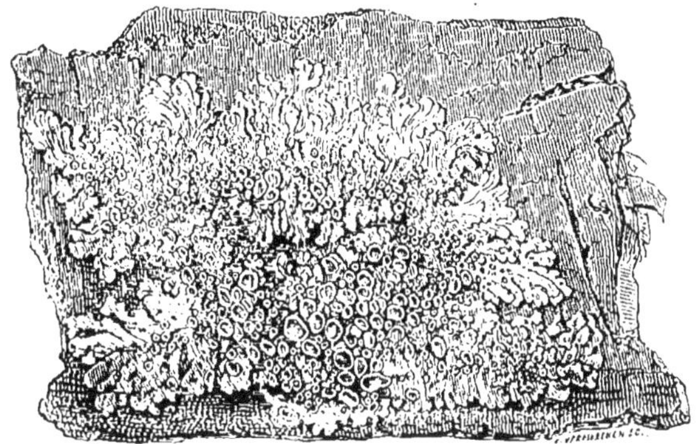

Fig. 236. — Parmélie des murailles.

d'être vivant dont il puisse être parasite ; une Algue y périrait faute d'humidité ; seuls les Lichens se développent, pouvant assimiler, grâce à l'Algue, et résister à la sécheresse, grâce aux Champignons. Les débris de ces Lichens formeront ensuite une première couche de terre végétale, où pourront s'établir d'autres plantes.

Division du RÈGNE VÉGÉTAL en embranchements.

Plantes à fleurs ; appareil végétatif divisé en racines, tige et feuilles, parcouru de vaisseaux conducteurs de la sève			**Phanérogames.**
Plantes sans fleurs, se reproduisant par œufs ou par spores	Appareil végétatif présentant des racines et parcouru de vaisseaux conducteurs de la sève.		**Cryptogames vasculaires.**
	Pas de racines.	Une tige et des feuilles	**Muscinées.**
		Ni tige, ni feuilles ; un thalle	**Thallophytes.**

TABLE DES MATIÈRES

8357-97. — Corbeil. Imprimerie Éd. Crété.

HISTOIRE NATURELLE

MANUEL d'Histoire Naturelle

Professeur Henri GIRARD

COLLECTION NOUVELLE DE 10 VOLUMES IN-18 DE 300 PAGES ILLUSTRÉS DE FIGURES à 3 francs le volume cartonné.

EN VENTE :

Aide-mémoire de zoologie. 1895. 1 volume in-18 de 300 pages, avec 90 figures, cartonné........ 3 fr.

Aide-mémoire d'anatomie comparée. 1895. 1 vol. in-18 de 360 pages avec 84 figures, cartonné........ 3 fr.

Aide-mémoire d'embryologie. 1896. 1 vol. in-18 de 300 pages, avec 126 figures, cartonné........ 3 fr.

Aide-mémoire de minéralogie et de pétrographie. 1896. 1 vol. in-18 de 272 pages, avec 100 figures, cartonné........ 3 fr.

Aide-mémoire de géologie. 1896. 1 vol. in-16 de 276 pages avec 35 figures, cartonné........ 3 fr.

Aide-mémoire de paléontologie. 1896. 1 vol. in-18 de 348 pages, avec 99 figures, cartonné........ 3 fr.

Aide-mémoire de botanique cryptogamique. 1897. 1 vol. in-18 de 284 pages, avec 107 figures, cartonné........ 3 fr.

Aide-mémoire de botanique phanérogamique. 1897. 1 vol. in-18 de 336 pages, avec 113 figures, cartonné........ 3 fr.

Aide-mémoire d'anatomie et physiologie végétales. 1897. 1 vol. in-18 de 300 pages, avec figures, cartonné........ 3 fr.

Aide-mémoire d'anthropologie. 1897. 1 vol. in-18 de 300 pages, avec figures, cartonné........ 3 fr.

La série d'*Aide-mémoire* dont l'ensemble forme le *Manuel d'histoire naturelle*, a pour objet de permettre aux candidats ayant à subir un examen dont le programme comporte l'étude des sciences naturelles, de repasser, en un temps très court, les diverses questions que peuvent poser les professeurs d'une Faculté pour l'obtention des diplômes du baccalauréat, de la licence ou du certificat d'études physiques, chimiques et naturelles, ou le jury d'un concours pour l'admission à une école.

L'auteur de ces *Aide-mémoire* s'est efforcé d'embrasser, aussi brièvement que possible et sans rien omettre, les sujets des derniers programmes. Il s'est proposé de mettre en évidence les points les plus importants, avec assez de netteté et de concision pour que le candidat puisse, d'un seul coup d'œil, revoir l'ensemble des matières exigées à son examen. Au début des études, il permettra d'acquérir rapidement les notions nécessaires pour profiter des cours spéciaux ou lire avec fruit les traités complets; à la fin de l'année, il facilitera les revisions indispensables pour passer avec succès les examens.

Ces *Aide-mémoire* sont un résumé des grands traités classiques et des cours donnés par les principaux professeurs de l'enseignement supérieur.

Pour la zoologie, l'anatomie comparée et l'embryologie, MM. Lacaze-Duthiers, Giard, Yves Delage, J. Chatin, Rémy Perrier, *de la Faculté des sciences*; MM. Edmond Perrier, Milne-Edwards, Filhol, *du Muséum*; Houssay, *de l'École normale supérieure*; Henneguy, *du Collège de France*; Paul Regnard, *de l'Institut agronomique*; Sicard et Kœhler (de Lyon), G. Moquin-Tandon (de Toulouse), P. Girod (de Clermont-Ferrand), Joubin (de Rennes), etc.

Pour la géologie, la minéralogie et la paléontologie, l'auteur a condensé les idées des professeurs Fouqué, Gaudry, Munier-Chalmas, Lapparent, Michel-Lévy, Vélain, Lacroix.

Pour la botanique, on y trouvera le reflet de l'enseignement de MM. Van Tieghem, Dehérain et Bureau, au *Muséum*, Duchartre, Bonnier, Daguillon, à la *Faculté des sciences*; Prillieux et Vesque, à l'*Institut agronomique*; Gérard (de Lyon), Leclerc du Sablon (de Toulouse), Flahault, Courchet (de Montpellier), Millardet (de Bordeaux), Vuillemin (de Nancy), Hérail (d'Alger), etc.

LIBRAIRIE J.-B. BAILLIÈRE ET FILS

LIBRAIRIE J.-B. BAILLIÈRE ET FILS

ACLOQUE (A.). — **Flore de France**, contenant la description de toutes les espèces indigènes disposées en tableaux analytiques. 1894. 1 vol. in-16 de 816 p. avec 2,165 fig. . . . . 12 fr. 50
— *Cartonné*. . . . . 14 fr.

BOIS (D.). — **Le Petit Jardin**, par D. Bois, assistant de la Chaire de culture au Muséum d'Histoire naturelle. 1 vol. in-18 jés., 352 pag., avec 149 fig., cart. . . . . 4 fr.

— **Les Plantes d'appartement et les Plantes de fenêtres**. 1891. 1 vol. in-18 jés., 388 p., 169 fig., cart. . . . . 4 fr.

BONNIER (G.). — **Les Plantes des champs et des bois**. Excursions botaniques, par Gaston Bonnier, professeur de botanique à la Faculté des sciences de Paris. 1 vol. in-8 de 600 pages, avec 873 fig. et 30 pl., dont 8 en couleur. . . . . 24 fr.

BREHM (Constantin). — **Le Monde des plantes**. 1896. 2 vol. gr. in-8 de 750 pages avec 1,500 figures. . . . . 24 fr.

CAUVET. — **Cours élémentaire de botanique**. 1 vol. in-18 jésus de 783 pages, avec 784 fig., cart. . . . . 10 fr.

DENIKER. — **Atlas-manuel de botanique** ou illustrations des familles et des genres de plantes phanérogames et cryptogames, avec le texte en regard, par Joseph Deniker, bibliothécaire en chef du Muséum d'histoire naturelle de Paris. 1 vol. in-4 de 400 pages, avec 200 pl., comprenant 3,300 figures, cartonné. . . . . 30 fr.

DUCHARTRE. — **Éléments de botanique**, par P. Duchartre, membre de l'Académie des sciences, 3e *édit.* 1 v. in-8, avec 571 fig., cart. 20 fr.

GÉRARDIN (Léon). — **Traité élémentaire de botanique**. 1895. 1 vol. in-8 de 600 p., avec 500 figures. . . . . 6 fr.

GERMAIN (de Saint-Pierre). — **Nouveau Dictionnaire de botanique**. 1 vol. in-8 de 1,388 pages, avec 1,640 fig. . . . . 25 fr.

GIRARD (Henri). — **Aide-mémoire d'anatomie et de physiologie végétales**. 1898. 1 vol. in-18 de 300 p., avec 100 fig., cart. . . . 3 fr.

— **Aide-mémoire de botanique phanérogamique**. 1897. 1 vol. in-18 de 300 p., avec 100 fig., cart. . . . . 3 fr.

— **Aide-mémoire de botanique cryptogamique**. 1897. 1 vol. in-18 de 284 pages, avec 107 fig., cart. . . . . 3 fr.

LUBBOCK (Sir John). — **La Vie des plantes**. 1 vol. in-8, de 311 p., avec 211 figures. . . . . 6 fr.

SCHRIBAUX et NANOT. — **Éléments de botanique agricole**. 1 vol. in-18 jésus de 328 p., avec 260 fig., et 2 pl. col., cart. . . . . 4 fr.

VESQUE. — **Traité de botanique agricole et industrielle**, par J. Vesque, professeur à l'Institut agronomique, 1 vol. in-8 de xiv-970 p., avec 598 fig., cart. . . . . 18 fr.

VILMORIN. — **Les Fleurs à Paris**. 1892. 1 v. in-16, 208 fig. 3 fr. 50

VUILLEMIN (P.). — **La Biologie végétale**, par P. Vuillemin, agrégé à la Faculté de Nancy. 1 vol. in-16 de 380 p., 82 fig. . . . . 3 fr. 50

8682-97. — Corbeil. Imprimerie Éd. Crété.

www.ingramcontent.com/pod-product-compliance
Ingram Content Group UK Ltd.
Pitfield, Milton Keynes, MK11 3LW, UK
UKHW020243250726
13967UKWH00004B/1499